# 希格斯

## 『上帝粒子』的发明与发现

Higgs

The Invention and Discovery of the 'God Particle'

[英] 吉姆·巴戈特 著

邢志忠 译

上海科技教育出版社

## 内容提要


建立在杨-米尔斯场论(Yang-Mills field theory)基础上的标准模型(standard model),是人类理解物质世界的微观结构及其相互作用力的集大成之作,它的点睛之笔当属布劳特-昂格勒-希格斯机制(Brout-Englert-Higgs mechanism)。该机制保证了电弱规范对称性的自发破缺,不仅使电磁力与弱核力从此分道扬镳,以及绝大多数基本粒子因此获得质量,而且预言了存在“上帝粒子”——希格斯玻色子(Higgs boson)。2012年7月4日,希格斯玻色子终于在欧洲核子研究中心的大型强子对撞机上现出原形。2013年,昂格勒与希格斯荣获诺贝尔物理学奖。

本书遵循历史发展的脉络,以简洁生动的语言回顾了基本粒子物理学的百年家史,讲述了寻找“上帝粒子”之旅中交织着成功与失败的传奇故事,展现了科学家无与伦比的探索精神、人文情怀和鲜明个性。

## 作者简介

吉姆·巴戈特(Jim Baggott,1957— ),一位成功的科普作家。先前从事纯学术性的研究,现在的职业是私人商业顾问,但依然保持着对科学、哲学和历史的广泛兴趣,并在业余时间继续致力于这些方面的写作。其作品获得了广泛好评,包括《量子故事:40个关键的历史时刻》(*The Quantum Story: A History in 40 Moments*)、《原子的故事:物理学的第一次大战以及1939—1949年的原子弹秘史》(*Atomic: The First War of Physics and the Secret History of the Atom Bomb 1939—1949*)、《实在之新手指南》(*A Beginner's Guide to Reality*)、《无可估量:现代物理学、哲学和量子理论的内涵》(*Beyond Measure: Modern Physics, Philosophy and the Meaning of Quantum Theory*)、《完美的对称:富勒烯的意外发现》(*Perfect Symmetry: The Accidental Discovery of Buckminsterfullerene*)和《量子理论的内涵:化学和物理学学生的学习指南》(*The Meaning of Quantum Theory: A Guide for Students of Chemistry and Physics*)。

献给安吉（Ange）

# CONTENTS 目录

# 目录

# 作者序

2012年7月4日,酷似希格斯玻色子(Higgs boson)的新粒子在日内瓦的欧洲核子研究中心(CERN)被发现了。这一消息如同具有传染性的电子病毒,瞬间传遍了全世界。各种新闻媒体都大肆报道了这个高能物理学的最新胜利。该发现成为报纸和电视的头版头条新闻,成为许多晚间新闻报道的焦点,并触发了亿万观众和听众的好奇心。CERN的实验信号与某个粒子的性质一致,这个粒子最初是在1964年被假设或“发明”出来的,并最终在48年之后以数十亿美元的代价被发现了。

那么,有什么值得大惊小怪的呢?希格斯玻色子是什么东西?它为什么如此重要?如果这个新粒子确实是希格斯玻色子,那么它能告诉我们哪些关于物质世界和早期宇宙演化的秘密呢?真的值得付出所有的努力去发现它吗?

人们可以在粒子物理学的所谓“标准模型”(standard model)的故事中找到这些问题的答案。顾名思义,标准模型是物理学家用于解释所有物质的基本组分和相互作用力的理论框架,其中相互作用力要么将物质结合在一起,要么使之分崩离析。它是物理学家数十年不遗余力的集大成之作,象征着他们为了解释我们周围的物理世界而付出的最大努力。

标准模型还不是一个“万能理论”(theory of everything)。它无法解释引力的本质。近年来你也许读到过一些奇奇怪怪的物理学新理论,它们试图统一所有的基本相互作用力,包括引力。超对称(supersymmetry)和超弦(superstring)就属于这类新理论。尽管成百上千的理论学家致力于此类研究项目,但这些新理论依旧处于思辨和推理阶段,没有或几乎没有得到任何实验证据的支持。虽然人们承认标准模型自20世纪60年代末期*建立伊始就一直存在着瑕疵,但它暂时仍然是粒子物理学最行之有效的理论。

希格斯玻色子在标准模型中很重要,因为它意味着希格斯场(Higgs field)的存在,而希格斯场是一种原本不可见的、遍及整个宇宙的能量场。假如没有希格斯场的话,那么组成你、我和可观测宇宙的基本粒子就不会有质量。假如没有希格斯场的话,那么就无法生成质量,也无法**构建**任何东西。

似乎我们应该对希格斯场的存在心怀感激。这是希格斯玻色子(即希格斯场所对应的粒子)之所以被大众媒体夸大为**上帝粒子**(God particle)的原因之一。实事求是的科学家都十分鄙视“上帝粒子”这个名称,因为它夸大了希格斯粒子的重要性,并把公众的注意力吸引到物理学和神学之间的关系上,而这有时令人感到很不舒服。然而,它是一个深受科学记者和科普作家喜爱的名称。

许多关于希格斯场的理论预言结果在20世纪80年代初期的粒子对撞机实验中得到了证实。可是对场的推断并不等同于探测它的信号——场粒子。因此,搞清楚希格斯场很有可能无处不在这件事是非常令人欣慰的。也许希格斯玻色子还没有被发现,这也是很有可能的。果真如此的话,其寓意对于标准模型而言将具有潜在的颠覆性。

我是从2010年6月,即希格斯粒子被发现的两年之前,开始写这本书的。当时我刚刚完成另外一本书的手稿,书名为《量子故事:40个关键的历史时刻》。正如书名所表明的那样,它是一部关于量子物理学从1900年到今天的历史。该书概括了标准模型的发展与希格斯场及其粒子

---

* 在英文原版中,此处将标准模型的建立时间误写为20世纪70年代末期。——译者

的发明。几个月前,CERN的大型强子对撞机(Large Hadron Collider)达到了创纪录的7万亿电子伏的质子-质子对撞能量。于是我推测,它在未来的几年之内**有可能**做出某种发现。幸运的是,我被证明是正确的。

《量子故事》一书出版于2011年2月,它的部分内容在本书中将有所体现。

感谢梅农(Latha Menon)和牛津大学出版社的代表们,他们当时做好了准备,要冒险出一本关于还没有被发现的粒子的科普图书。我一直通过正式渠道密切关注着CERN那里的实验进展,但是我要感谢数位高能物理学的博主,包括吉布斯(Philip Gibbs)、多里戈(Tommaso Dorigo)、沃伊特(Peter Woit)、法尔科夫斯基(Adam Falkowski)、斯特拉斯勒(Matt Strassler)和巴特沃思(Jon Butterworth)。我还要感谢巴特沃思、泰绍里(Sophie Tesauri)、吉利斯(James Gillies)、庞塞(Laurette Ponce)和埃文斯(Lyndon Evans),他们花了很多时间与我交谈,并与我分享他们对实验进展那种与日俱增的兴奋感。我也要向米勒(David Miller)教授和沃伊特教授表示感谢,他们阅读并评论了本书的初稿。感谢温伯格(Steven Weinberg)教授,他也通读了本书的初稿,并在他的序言中友好地表达了个人观点和展望。由于作者水平有限,本书的错误在所难免。

巴戈特

2012年7月6日

英国雷丁

## 温伯格的序言

许多重要的科学发现都会有通俗读物追随而至,以便将这些发现解释给一般读者。但这本书的创作在很大程度上是**期待**一个发现的到来。我还是头一次遇见这种情形。2012年7月,欧洲核子研究中心发现了一个似乎是希格斯玻色子的新粒子,此消息刚一宣布,这本书就已经准备好出版了。这一点证实了巴戈特和牛津大学出版社所具备的非凡活力和进取心。

这本书的迅速出版也证明了普通大众对上述发现的好奇心。因此,如果我在这篇序言中补充一些我个人对CERN所取得的成果的见解,那也许是很值得的。人们常说,寻找希格斯粒子的关键之所在是解决质量起源的问题。诚然如此,不过这样的理由还需要某种程度的强化。

时至20世纪80年代,我们拥有了一个关于所有已观测到的基本粒子以及作用在它们之间的力(引力除外)的完善理论。该理论的基本元素之一是一种如同家庭关系的对称性(symmetry),这种对称关系处于电磁力和弱核力这两种力之间。电磁学负责描述光的行为,而弱核力则允许原子核内部的粒子在辐射衰变过程中改变它们的身份或特性。该对称性把这两种力结合在单一的“电弱”(electroweak)结构中。电弱理论的一般特征已经得到了充分的检验,其有效性并非CERN和费米实验室(Fermilab)的最新实验所关注的焦点;即便发现不了希格斯粒子,这种有效性也不会成为大问题。

可是电弱对称性的后果之一在于:假如不在理论中加入新东西,

那么包括电子(electron)和夸克(quark)在内的所有基本粒子都将是无质量的,而这当然与事实不符。因此,理论学家只好在电弱理论中加点什么,某种新的物质或场,它尚未在自然界或我们的实验室中被观测到。寻找希格斯粒子也就是寻找下述问题的答案:这种我们所需要的新东西到底是什么呢?

寻找这种新东西并非只是一个在高能加速器周围守株待兔的问题,静等着看究竟会出现什么。电弱对称性作为基本粒子物理学的基本方程式所具有的严格性质必须破缺;它一定不能直接用于我们实际观测到的粒子和力。从南部阳一郎(Yoichiro Nambu)和戈德斯通(Jeffrey Goldstone)完成于1960—1961年的工作至今,人们知道这种对称性破缺在许多理论中都是可能的,不过它似乎不可避免地伴随着新的无质量粒子的产生。但众所周知,这种无质量的新粒子并不存在。

是布劳特(Robert Brout)和昂格勒(François Englert),希格斯(Peter Higgs),以及古拉尔尼克(Gerald Guralnik)、哈根(Carl Hagen)和基布尔(Tom Kibble)在1964年独立完成的三篇论文*,证明了这些无质量的南部-戈德斯通粒子(Nambu-Goldstone particle)在某些理论中可以消失,它们的作用只是为传递力的粒子提供质量。这就是在弱作用力和电磁力的统一理论中所发生的事情,该理论是由萨拉姆(Abdus Salam)和我本人在1967—1968年提出来的。但这依旧留下了悬而未决的问题:到底是什么新型的物质或者场造成了电弱对称性破缺?

存在两种可能性。一种可能性是存在迄今尚未观测到的、遍及真空的场。就像地球的磁场可以把北方和其他方向区分开来一样,这些新的场把弱作用力和电磁力区分开来,给予传递弱作用力的粒子和其他粒子以质量,但保持传递电磁力的光子(photon)无质量。这些场叫作

* 简要起见,我将把这一工作称为“发表于1964年的三篇论文”。

“标量(scalar)”场,意思是它们与磁场不同,在普通的空间中无法识别方向。这种一般性的标量场被戈德斯通采用,以举例说明对称性破缺;它们后来也被引入那些发表于1964年的三篇论文中。

当萨拉姆和我把这种对称性破缺用于发展新式的、关于弱作用力和电磁力的电弱理论时,我们假设对称性破缺源于这种标量型的、遍及全空间的场。[格拉肖(Sheldon Glashow)以及萨拉姆和沃德(John Ward)此前已经假设过这种电弱对称性,但它没有被当作相关理论的方程式的严格性质,因而致使这些理论学家当时没有引进标量场。]

那些由标量场导致了对称性破缺的理论,包括戈德斯通的工作、发表于1964年的三篇论文以及萨拉姆和我的电弱理论中所考虑的模型,都有一个后果:虽然一部分标量场只起到了赋予传递力的粒子以质量的作用,但是其他标量场会成为新的物理粒子而出现在自然界,它们可以在加速器和粒子对撞机中产生出来并被观测到。萨拉姆和我发现,需要在我们的电弱理论中放进四个标量场。这些标量场中的三个在赋予$W^+$、$W^-$和$Z^0$粒子以质量的过程中被消耗掉了,而这三个粒子就是我们的理论中传递弱作用力的“重光子”(这些粒子于1983—1984年在CERN被发现了,而且实验发现它们具有电弱理论所预言的质量)。其中一个标量场遗留下来,它表现为一个物理粒子,即该场的能量和动量所形成的实体。这就是“希格斯粒子”(Higgs particle),一个物理学家们苦苦寻找了近30年的粒子。

但是总有另外一种可能性。或许根本就不存在遍及整个空间的新标量场,也不存在希格斯粒子。相反,电弱对称性也许是由强作用力破缺的,这种力被称为“彩力”(technicolor force),作用于一类新粒子,但是这些新粒子太重了,还没有被观测到。类似情形在超导中出现过。这种关于基本粒子的理论是在20世纪70年代末由萨斯坎德(Leonard Susskind)和我本人各自独立地提出来的,它会导致一大群新粒子的出现,是“彩力”将这些新粒子结合在一起。这就是我们所面临的选择:标量场?还是彩色(technicolor)?

新粒子的发现强有力地支持了电弱对称性是由标量场破缺的,而不是由彩力破缺的。这便是CERN的发现非常重要的原因。

但是要想把这一点敲定,还有很多事情要做。建立于1967—1968年的电弱理论预言了希格斯粒子的所有性质,除了它的质量以外。利用如今通过实验所获知的希格斯质量,我们可以计算出希格斯粒子以各种方式衰变的概率,并查看这些预言是否能被进一步的实验所证实。这将需要一些时间。

发现一个看上去像是希格斯粒子的新粒子也给理论学家留下了一项艰巨的任务:搞清楚它的质量。希格斯粒子作为一个基本粒子,它的质量并非来源于电弱对称性的破缺。就电弱理论的基本原理而言,希格斯粒子的质量取什么值都可以。因此萨拉姆和我都无法预言希格斯质量的大小。

事实上,我们现在确实观测到了希格斯质量,不过它的数值有些令人费解。这就是人们通常所说的“等级问题”(hierarchy problem)。由于所有其他已知的基本粒子的质量都是由希格斯质量标定的,因此或许有人会猜测希格斯质量应该类似于另一个在物理学中发挥了重要作用的质量,即所谓的普朗克质量(Planck mass)。在引力理论中,普朗克质量是质量的基本单位(它是某些假想粒子的质量,这些假想粒子彼此之间的万有引力与分开同样距离的两个电子之间的静电作用力一样强)。但普朗克质量差不多比希格斯质量大十亿亿倍。因此,尽管希格斯粒子如此之重,以至于需要庞大的粒子对撞机才能把它产生出来,但是我们仍然要问:希格斯质量为什么这么小?

巴戈特建议,我可以在这儿补充一些个人对这个领域中各种思想演变的看法和展望。我将只提及两点。

正如巴戈特在第四章中所描述的那样，菲利普·安德森(Philip Anderson)早在1964年之前就指出，无质量的南部-戈德斯通粒子并不是对称性破缺的必然结果。那么，为什么我和其他粒子理论学家不相信安德森的观点呢？这自然不是说，人们无须认真对待安德森的观点。就所有从事凝聚态物理学研究的理论学家而言，没有人比安德森更清楚对称性原理的重要性，此类原理在粒子物理学中也已经被证明是至关重要的。

我认为安德森的观点总的来说是不太可信的，因为它是基于与诸如超导等非相对论性的现象所做的类比[也就是说，这些现象发生在可以放心地忽略爱因斯坦(Einstein)的狭义相对论(specical theory of relativity)的领域]。但很显然，无质量的南部-戈德斯通粒子是不可避免的，这一点已经被戈德斯通、萨拉姆和我本人在1962年严格地证明了。我们的证明显然依赖相对论的有效性。粒子理论学家无疑相信，安德森的观点在超导的非相对论性情况下是对的，但在基本粒子理论中是不对的，后者必须与相对论结合在一起。发表于1964年的三篇论文表明，戈德斯通、萨拉姆和我的证明不适用于那些含有传递力的粒子的量子理论。其原因在于，尽管在这些理论中物理现象确实满足相对论的原理，可是这些理论的数学表示在量子力学的情况下却不满足相对论的原理。

这个与相对论有关的问题，也是我在1967年以后无法证明萨拉姆和我所做的猜测的原因之所在，尽管我曾做了艰苦的努力。我们的猜测是，那些在电弱理论中出现的没有意义的无穷大都会抵消，其抵消方式与在电磁学的量子理论(即量子电动力学)中一样。类似的无穷大单单在量子电动力学中就已经被证明是可以抵消的。在证明电磁学中的无穷大可以抵消的过程中，相对论是必不可少的。巴戈特在第五章描述了特霍夫特(Gerard’t Hooft)在1971年对抵消无穷大的证明。特霍夫特在证明的过程中使用了他和韦尔特曼(Martinus Veltman)发展出来的技术,其中充分利用了量子力学的原理,使得相关的理论可以用一种与相对论一致的方式表达出来。

再来看第二点。巴戈特在第四章中提到,我在自己1967年发表的那篇提出电弱理论的论文中没有包括夸克,原因是我担心一个问题:该理论可能会预言一些涉及所谓“奇异”(strange)粒子的过程,事实上此类过程并没有被观测到。但愿我当时没有考虑夸克的原因真有他说的那么具体。更确切地说,我当初之所以没有把夸克纳入理论,只是因为我在1967年还根本不相信夸克模型。从来没有人看见过夸克,而且很难令人相信这是由于夸克比质子(proton)和中子(neutron)等已被观测到了的粒子更重,而夸克模型假设这些已被观测到了的粒子是由夸克构成的。

像许多其他理论学家一样,直到1973年,当格罗斯(David Gross)和韦尔切克(Frank Wilczek)以及波利策(David Politzer)的工作出来以后,我才完全接受夸克的存在。基于夸克和强核力的理论,亦称为量子色动力学(quantum chromodynamics),格罗斯等人证明了强作用力随着距离的减小而减弱。于是我们中的一部分人意识到,在这种情况下,与我们的直觉相反,夸克之间的强作用力会随着夸克相距越远而变得越强,或许强到足以阻止夸克彼此分开,在任何时候都不会自行其是。这一点还从未被证明过,但人们普遍相信它是对的。到目前为止,量子色动力学已成为一个久经考验的理论,可是从来没有人见过孤立的夸克。

我很高兴地看到这本书从埃米·诺特(Emmy Noether)开始写起,身处20世纪初期的她率先认识到了对称性原理在自然界的重要性。这有助于提醒我们,今天科学家的工作只不过是宏大的科学史诗中承前启后的最新篇章:我们力图猜中自然界的奥秘,并始终使我们的猜测服从于实验的检验。巴戈特的书将会为读者勾勒出这一历史性的科学探秘之旅中形形色色的风景。

温伯格

2012年7月6日

# 形式与实质

世界是由什么组成的?

诸如此类的简单问题始终在测试人类的智力,只要人类还能够做理性思考。当然,如今我们问这个问题的方式已经变得更加精细和微妙,而提供答案已经变得更加复杂和昂贵。但毫无疑问,在我们的内心深处,这个问题依然非常简单。

2500年前,所有的古希腊哲学家孜孜以求的是他们对自然界的美丽与和谐的感觉,以及他们的逻辑推理和想象的能力。他们把这种能力应用于那些以自己独立的感官所能察觉到的事物。从历史的角度来看,不同寻常的只是他们能够在多大程度上解决问题。

希腊人谨慎地把形式(form)和实质(substance)区分开来。世界是由物质组成的,物质可以拥有多种不同的形式。公元前5世纪的西西里哲学家恩培多克勒(Empedocles)认为,这种形式上的多样性可以简化成四种基本的形式,就是我们今天所知的"古典元素"(classical elements)。它们是土、气、火和水。人们断定这些元素是永恒的和不可毁灭的,它们以相当浪漫的组合方式通过"爱慕"(Love)的吸引力而结合在一起,并通过"冲突"(Strife)的排斥力而分离开来,从而构成了世间万物。

起源于公元前5世纪的另一个学派认为,世界是由微小的、不可分的而且不可毁灭的物质粒子[叫作原子(atom)]组成的。该学派的代表人物是哲学家留基伯(Leucippus),还有与之关系密切的学生德谟克利特(Democritus)。原子代表所有物质的基本组分,负责构成所有的物质。所以留基伯指出,从原则上来说,原子是必不可少的,因为物质必定不是无限可分的。假如物质是无限可分的,那么我们就能够把物质无止境地分下去,一直分到什么都不剩,而这显然与看起来无懈可击的物质守恒律相矛盾。

大约一个世纪以后,柏拉图(Plato)发展出一套理论,可以解释原子(即实质)是如何构建的,从而组成四种元素(即形式)。他用几何体(或柏拉图多面体)来描述每种元素,并在《蒂迈欧篇》(*Timaeus*)中指出:每个多面体的表面可以进一步分解成三角形(代表元素的组分原子)体系。重新排列三角形的图案就等同于重新排列原子,因此有可能把一种元素转化成另一种元素,并把元素结合在一起以产生新的形式*。

应该存在某些最基本的组分,作为不可否认的实在,它们构成了我们放眼望去所看到的物质世界的基础,并将形式和形状赋予了它。这一点似乎是符合逻辑的。如果物质是无限可分的,那么我们就会面临一个问题:那些组分本身变得相当短命,结果就是什么都不存在了。于是物质世界的基本组分不存在了,剩下的只是一些不可思议的、非实质的幽灵之间的相互作用,它们导致了实质的**出现****。

上述观点也许令人难以接受,但这在很大程度上正是现代物理学

---

* 见柏拉图的《蒂迈欧篇和柯里西亚斯》(*Timaeus and Critias*),企鹅出版社,伦敦(1971年),第73—87页。柏拉图依据一类三角形构造出气、火和水,并依据另一类三角形构造出土。因此,柏拉图认为,无法将土转变成其他元素。

** 作者想要表达的意思在于:假如普通物质的组分被分割得无限细微,那么真正出现的"实质"其实就是这种无限细微的东西。——译者

已经证实了的东西。我们现在相信，质量不是自然界的最基本组分所具有的固有特性或“主要”属性。事实上，这种意义上的质量是不存在的。质量是完全由相互作用的能量组成的，而相互作用自然包括了无质量的基本粒子。

物理学家依旧在对物质分割来分割去，但最后却一事无成。

直到17世纪初期、正式的实验哲学发展起来之后，超越那种思辨性的思维方式才成为可能。思辨一直是古希腊人的理论所具有的特征。旧式哲学试图凭借直觉认识物质的本质，但哲学家们对现象的观察会被他们的偏见污染，这种偏见在于他们先入为主地认为世界**应该**是怎样的。如今，新时代的科学家们拿自然界本身做实验，找出证据说明世界**实际上**是怎样的。

人们主要关注的问题依旧是形式和实质的特性。质量的概念对于我们理解实质具有决定性的作用。质量衡量的是物体处于动力学运动状态时所表现出来的物质的**数量**。一个物体对速度改变的抵抗能力被诠释成它的惯性质量(inertial mass)。当施加相同的力时，质量小的物体与质量大的物体相比，其速度改变得更快一些。

一个物体产生引力场的能力被诠释成了它的引力质量(gravitational mass)。月亮产生的引力要比地球产生的引力弱一些，原因在于月亮较小，所以拥有较小的引力质量。惯性质量和引力质量在现实生活中是等价的，尽管还没有令人信服的理论能够解释为什么会是这样。

科学家们也揭示了自然界之所以形式多样的秘密。他们发现基本的希腊“元素”之一，即水并非像柏拉图所猜测的那样是由三角形所组成的几何体构成的，而是由化学元素氢和氧的原子所组成的分子构成的。如今我们把水分子写成$H_2O$的组合形式。

“原子”是更为现代的用语，这个词首先令人想起希腊人所赋予它的含义,他们把它诠释成物质的不可分割的基本组分。但正当人们热烈地辩论原子的真实性时,英国物理学家汤姆孙(Joseph John Thomson)在1897年发现了带负电荷的电子。这似乎表明,原子进一步应该拥有亚原子层次的组分。

在汤姆孙的发现之后,接踵而至的是新西兰人卢瑟福(Ernest Rutherford)于1909—1911年在曼彻斯特实验室所做的实验。这些实验表明,原子的绝大部分空间是空空荡荡的。一个微小的、带正电荷的原子核处在原子的中心,而带负电荷的电子环绕着原子核运转,就像行星环绕着太阳运转一样。物质的元素是由原子构成的,而原子的绝大部分质量集中在原子核。因此在原子核中,形式和实质合二为一了。

即使在今天,原子的“行星”模型依然是一个有说服力的、形象化的比喻。但在当时,物理学家们很快就意识到这样一个模型其实没什么意义。可以预期,这种行星式的原子在本质上是不稳定的。与围绕着太阳运动的行星不同,带电粒子在电场中运动时,会以电磁波的形式辐射能量。此类行星电子很快就会耗尽它们的能量,于是乎原子的内部结构将会崩溃。

这个难题的解决方案披着量子力学的外衣出现在20世纪20年代初期。电子不仅仅是粒子——一个可以被形象化为带负电荷的小球体——它同时扮演着波**和**粒子的角色。它不是定域化了的东西,不像有些人所认为的那样处在“这儿”或“那儿”,而是在其非定域的、幽灵般的波函数(wavefunction)所允许的边界之内“无所不在”。电子并非如此这般地环绕着原子核运行;相反,其波函数在原子核周围的空间会形成典型的三维图案,我们称之为“轨函数”(orbital)。与每个轨函数的数学形式相关联的是在原子内部特定的位置——“这儿”或“那儿”——发现那个如今显得完全不可思议的电子的**概率**(probability)(见图1)。

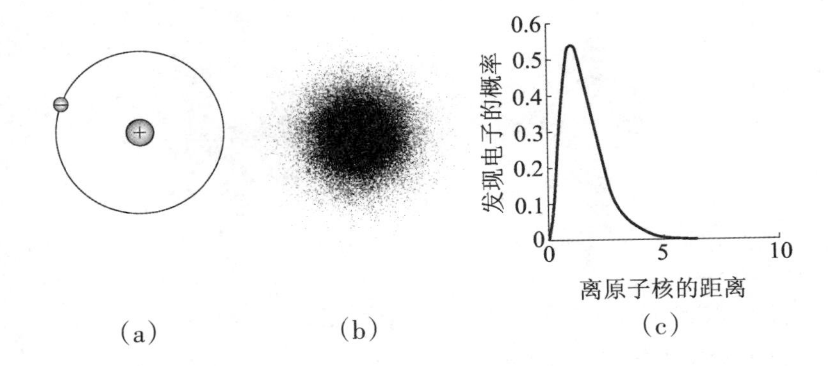


图1　(a) 在卢瑟福的氢原子“行星”模型中，一个带负电荷的电子占据一条环绕原子核的固定轨道，原子核是由一个带正电荷的质子组成的。(b) 量子力学用电子波函数代替了沿轨道运行的电子，能量最低的波函数(1s)的形状是球对称的。(c) 在波函数的边界之内，人们现在随处都能“发现”电子的踪迹；但是在旧的行星模型所预言的地方，电子被发现的概率最高

从理论物理学和实验物理学两方面来看，量子革命都是一个前所未有的、硕果累累的时代。当英国物理学家狄拉克(Paul Dirac)在1927年把量子力学和爱因斯坦的狭义相对论结合在一起时，一个被称为**电子自旋**(electron spin)的新性质脱颖而出。这是一种实验物理学家已经知道的性质，暂且用电子绕着它的中轴线旋转来解释，就好像一个旋转的陀螺，和地球围绕着太阳转动时也绕着中轴线自转差不多(见图3)。

图2　狄拉克(1902—1984)

但这只是另一种形象化的比喻，人们很快就发现这种比喻事实上并没有什么依据。如今我们把电子自旋解释为一种纯粹的“相对论性”的量子效应，其中电子可以占据两种可能的“取向”(orientation)之一。这两

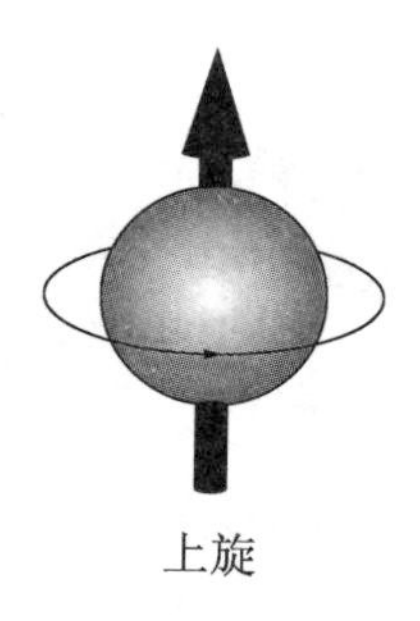


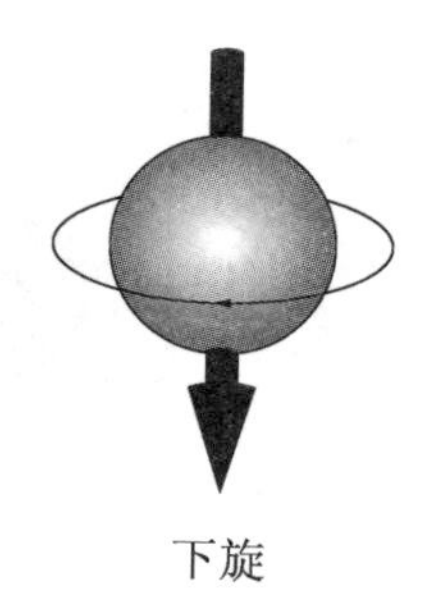


图3 1927年，狄拉克把量子力学和爱因斯坦的狭义相对论结合在一起，创建了一个完全“相对论性”量子理论，于是电子自旋的性质脱颖而出。想象一下，带负电荷的电子仿佛真的绕着自己的中轴线在旋转，由此产生了微小的局部磁场。如今我们简单地利用电子自旋的可能取向来想象它：上旋和下旋

种取向分别叫作上旋(spin-up)和下旋(spin-down)。它们并不是在通常的三维空间中沿着特定方向的取向，而是在“自旋空间”(spin space)中的取向。自旋空间只有两维——上或下。

人们发现，在原子中每条轨道只包含两个电子。这就是奥地利物理学家泡利(Wolfgang Pauli)在1925年所阐释的著名的**不相容原理**(exclusion principle)，它规定电子不得占据相同的量子态(quantum state)。

图4 泡利(1900—1958)

该原理源自由两个或多个电子所组成的复合态的波函数的数学形式。假设复合态是由两个具有完全相同的物理特性的电子造就的，那么其波函数的振幅为零，即不可能存在这样的态。要想使波函数的振幅不等于零，那么这两个电子必须有所不同。这意味着在原子的轨道上，一个电子的自旋取向必须朝上，而另一个电子

的自旋取向必须朝下。换句话说，它们的自旋必须一上一下地**配对**。

明智之举是抵抗住诱惑，不要去想象这些不同的自旋取向的实际面目特征。不过，它们的效应足够真实。自旋决定了电子所拥有的角动量（angular momentum）的大小，该动量是与电子自旋的“转动”相关联的。自旋也决定了电子如何与磁场相互作用，人们可以在实验室里面仔细地研究此类效应。但在量子力学中，我们对这些效应的起源似乎依然处于一知半解的状态。

狄拉克关于电子的相对论性量子理论还给出了两倍于他想要的解。其中两个解对应着电子的上旋和下旋取向，那么另外两个解对应什么呢？他是个有主见的人，不过他在1931年终于做出让步：那另外两个解描述的只能是以前不为人知的、带正电荷的电子的上旋和下旋取向。狄拉克发现了反物质（antimatter）。“正电子”（positron），即电子的反粒子，后来在宇宙线（cosmic ray）实验中被发现了。宇宙线是由于高能粒子与地球的外层大气发生碰撞而形成的。

1932年，似乎最后一个未解之谜也水落石出了。英国物理学家查德威克（James Chadwick）发现了中子，它是一种电中性的、与带正电荷的质子紧挨在一起坐落于原子核内部的粒子。物理学家们此时此刻似乎已经具备了所有的要素，能够就我们尚不清楚的问题给出一个明确的答案。

答案是这样的。世界上所有的物质都是由化学元素构成的。这些元素种类繁多，组成了周期表，从最轻的氢元素一直排到铀元素。铀是人们所知道的最重的、天然存在的元素*。

每种元素都是由原子组成的。每种原子含有一个原子核，后者是由不同数目的带正电荷的质子和电中性的中子组成的。每种元素的特

---

* 还有比铀更重的元素，但这些元素并不是天然存在的。它们生来就不稳定，所以必须在实验室或核反应堆中人工产生。钚元素也许是这方面最好的例子。

性是由它的原子核中质子的数目决定的。氢元素的原子核含有1个质子，氦含有2个，锂含有3个，等等。铀元素的原子核含有92个质子。

围绕着原子核的是带负电荷的电子，它们的数目与质子的数目相等，使得整个原子呈电中性。每个电子可以取上旋或下旋的方向，而每条轨道可以容纳两个配成对的、自旋取向相反的电子。

这是个包罗万象的答案。利用质子、中子和电子等基本组分以及泡利不相容原理，我们可以解释为什么元素周期表具有它所展现出来的结构。我们可以解释为什么物质具有形态和密度。我们可以解释为什么存在同位素(isotope)——同一元素的不同原子，在它们的原子核中质子的数目相同但中子的数目不同。只要稍微花一点力气，我们就可以解释化学、生物化学和材料科学的所有现象。

在以上的描述中，质量一点都不神秘。所有物质的质量都可以追溯到组成它的质子和中子，质子和中子的质量大约占了每个原子质量的99%。

让我们想象一小块由蒸馏过三次的水所形成的冰立方体。它的每条边长为2.7厘米，或者说略微大于1英寸。把它拿起来，你会觉得它又凉又滑。虽然冰块并不重，但你还是会感知到它在你手心中的重量。那么，冰块的质量身居何处呢？

可以用很简单的方法算出水的**分子量**，即对组成水分子$H_2O$的2个氢原子和1个氧原子的原子核中的质子和中子求和。每个氢原子的核只含有1个质子，而氧原子的核包含8个质子和8个中子，因此1个水分子总共是由18个核子构成的。你握在手中的那块纯净的冰的重量约为18克*，等于以克为单位的分子量。所以冰块代表的是对固态水的一种标准度量，称为“摩尔”(mole)。

---

* 在0摄氏度的温度下，纯净的冰的密度为0.9167克每立方厘米。冰块的体积约为19.7立方厘米，所以它的质量略微大于18克。

我们知道,1摩尔的物质含有固定数目的原子或分子,后者构成了该物质。这就是阿伏伽德罗常量(Avogadro's number),其数值略大于$6\times10^{23}$。问题的答案就在这里。你所感知到的手心中冰块的重量,是$6\times10^{23}$个$H_2O$分子的质量之和,即大约$1.08\times10^{25}$个*质子和中子的质量之和(见图5)**。

人们不得不接受的事实是,原子并非如希腊人所曾经认为的那样,它们不再是坚不可摧的。原子是可以被改变的,可以从一种形式转化为另一种形式。1905年,爱因斯坦利用他的狭义相对论证明了质量和能量的等价性。他是凭借那个后来成为世界上最有名的科学方程式,即$E=mc^2$,完成了他的证明:能量等于质量乘以光速的平方。然而,这一结果不但无损于质量的概念,而且"质量代表了一个巨大的能量库"的观念在某种程度上使得质量的概念更加牢靠和充实。

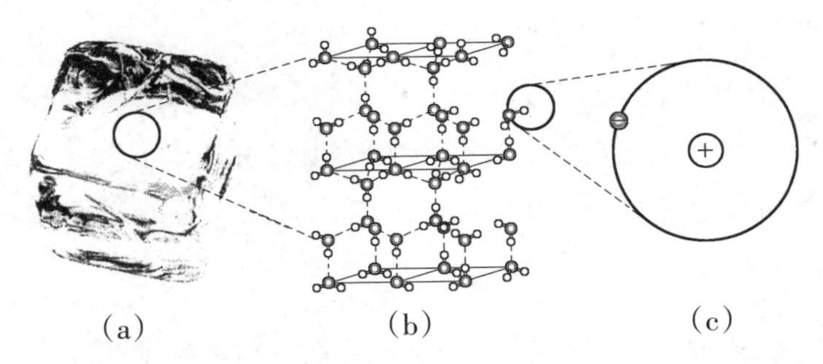


图5 (a) 边长为2.7厘米的立方体冰块,其重量约为18克。(b) 它是由一个格点结构组成的,其包含的水分子数目略大于$6\times10^{23}$。(c) 每个氧原子含有8个质子和8个中子,而每个氢原子含有1个质子。因此,该冰块包含了大约$1.08\times10^{25}$个质子和中子

---

* 注意此处$1.08\times10^{25}$为质子和中子的总数,其中质子的数目占5/9,而中子的数目占4/9。——译者

** 当然,我们必须仔细区分重量(weight)和质量(mass)。冰块在地球上**重量**为18克,但在月球上的**重量**则要小很多,在绕地轨道上则**重量**为零。但是,其**质量**仍是固定不变的。按惯例,我们认为质量等于其在地球的重量。

质量的内涵虽然很丰富，但并非永远不变。爱因斯坦证明了物质（质量）是不守恒的，它可以转化为能量。当一个铀235的原子被一个快中子轰击而发生裂变时，单个质子质量的大约1/5在核裂变反应中转化成能量。当把这一质能转化的数量关系按比例放大到一个56千克重、由纯度为90%的铀235组成的原子弹弹芯时，所释放出来的能量足以彻底摧毁一座城市。1945年8月，这一幕真实地发生在了日本广岛。

但爱因斯坦所苦苦追求的实际上是一种更深刻的真理。这一点在他那篇发表于1905年的文章的标题上已有所表露：“物体的惯性同它所含的能量有关吗？”爱因斯坦的理解是，$E = mc^2$的真实含义在于$m = E/c^2$，即所有的惯性质量都是另一种形式的能量*。这一见解的深刻含义直到60年后才变得一目了然。

到了20世纪30年代中期，质子、中子和电子作为物质的基本组分似乎为我们尚无定论的问题提供了一个完善的答案。可是还有个问题。早在19世纪末期人们就已经知道，某些元素的同位素是不稳定的。它们具有放射性：在一系列核反应中，它们的原子核会自发地衰变。

自然界存在不同种类的放射性。一种叫做β放射性，是由卢瑟福在1899年发现的。它涉及的是原子核中的一个中子转化成一个质子，并伴随着一个高速电子（即“β粒子”）的喷出。这是一种天然形式的炼金术：改变原子核中质子的数目必然会改变它的化学性质**。

β放射性意味着中子是一个不稳定的复合粒子，所以它根本就不是真正意义上的“基本”粒子。在这一过程中还存在着能量守恒的问题。

---

* 其实方程式$E = mc^2$并没有以这种形式出现在爱因斯坦的文章中。

** 幸运的是，对于全世界的黄金储备价值而言，这并不能提供一种廉价的方法把贱金属（base metal）转变成黄金。

中子在原子核内部转变成质子所释放的能量的理论预期值，无法完全由该反应所放射出来的电子的能量来解释。泡利在1930年意识到，除了提议在这一反应中“失踪”的能量被一个尚未观测到的、很轻的、电中性的粒子带走了之外，他别无选择。这个新粒子后来被称作“中微子”(neutrino)，意思是微小的、电中性的粒子*。当时人们断定，没有任何办法能够探测到这样一个粒子。但是到了1956年，中微子第一次在实验中被发现了。

是时候做一番总结与评估了。有一点差不多是清楚的：物质依赖于**力**(force)来把它的组分结合在一起。除了作用于所有物质的引力之外，现在可以断定的是还存在其他三种力，它们在原子自身的层面上起作用。

带电粒子之间的相互作用来源于电磁力。众所周知，电磁学源自19世纪的物理学家们所做的开创性工作，其中包括许多卓著的成就，也奠定了电力工业的基础。1948年，美国物理学家费曼(Richard Feynman)和施温格(Julian Schwinger)以及日本物理学家朝永振一郎(Sin-Itiro Tomonaga)建立了一个关于电磁场的完全相对论性量子理论，叫作量子电动力学(quantum electrodynamics，简称QED)。在QED理论中，带电粒子之间的吸引力和排斥力是由所谓的力粒子来“传递”的。

比方说，当两个电子彼此接近时，它们交换一个力粒子，造成了它们的相互排斥(见图6)。电磁场的力的传递者是光子，它是构成普通光的量子粒子。QED很快就发展成为一个具有空前预测能力的理论。

人们还要应对另外两种力。电磁学无法解释质子和中子在原子核内部是怎样结合在一起的，也无法解释与β衰变有关的相互作用。这两种相互作用在如此不同的能标(energy scale)处生效，以至于没有单

* 泡利最初将这个新粒子取名为“中子”。真正的中子被发现之后，费米(Enrico Fermi)用意大利语将泡利提出的新粒子更名为“中微子”。——译者

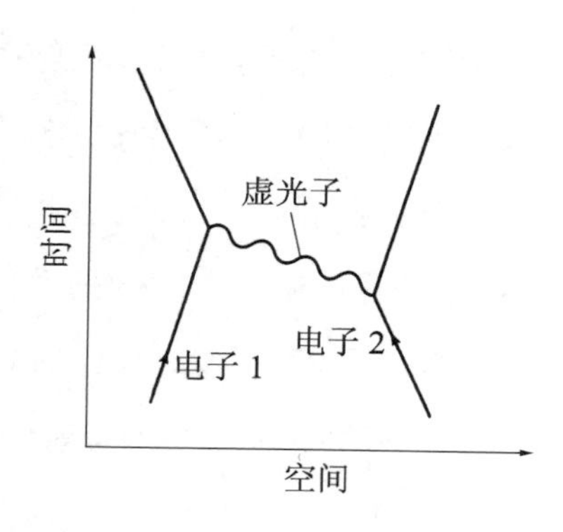


图6 量子电动力学所描述的两个电子之间的相互作用示意图。在两个带负电荷的电子亲密接触之处，它们之间的电磁排斥力与虚光子(virtual photon)的交换有关。该光子是“虚”的，因为它在该相互作用中是观测不到的

一的力能够包容它们。物理学家们认识到需要引进两种力，“强”核力负责维系着原子核，而“弱”核力则控制着某些原子核的转化。

这就把我们带到了本书将要描述的物理学史上的一个特殊时期。又过了60年，经过理论和实验两方面的努力，粒子物理学才发展到标准模型的阶段。标准模型是量子场基本理论的集大成之作，它描述了所有的物质以及物质粒子之间除引力之外的所有相互作用力。要想领会什么是标准模型，以及它对我们理解物质世界究竟意味着什么，最简单的途径就是快速浏览一番它的历史。

我们的浏览之旅始于1915年，从德国那个安静的大学城格丁根出发。

第一部分

# 发　明

第一章

# 逻辑思想的诗篇

德国数学家埃米·诺特发现了守恒律(conservation law)与自然界深奥的对称性之间的关系。

人们或许都会同意这样的观点：科学研究的目的之一就在于解释世界是由什么组成的，以及世界为什么是这样的。通过阐明物质的基本组分和那些支配着自然界的行为方式的定律，科学家们力求达到上述目的。

如果我们同意这种观点，那么我们就不得不承认，并非所有的“定律”都同样是这种情况。换句话说，并不是所有的定律都是真正的基本定律。17世纪，开普勒(Johannes Kepler)花了许多年时间不遗余力地分析第谷·布拉赫(Tycho Brahe)煞费苦心积累的天文数据，整理出支配行星围绕太阳运动的三大定律。这些定律很有效，但在为什么行星会以其自有的方式围绕太阳转动的问题上，它们却无法给出更基本的解释。是牛顿(Isaac Newton)的万有引力定律(law of universal gravitation)为我们提供了这样的解释。牛顿定律又岿然不动了200年，才最终被爱因斯坦的广义相对论(general theory of relativity)所取代。在广义相对论中，物质和弯曲的时空之间相互影响。

因此，什么才是“基本”定律呢？回答这个问题也许并没有那么困难。我们对天地万物之本的理解主要是基于一些看似简单的守恒律。古希腊人相信物质是守恒的。他们差不多是正确的。爱因斯坦后来教导世人：物质可以转变成能量，而能量也可以源自物质。

具体形态的物质并不守恒，但质能(mass-energy)是守恒的。不论我们如何努力，都不可能制造或者毁灭能量。我们只能将一种能量转化为另一种能量。在所有人们可以想得到的物理过程中，能量都是守恒的。

一个物体的质量与其线速度的乘积，叫作该物体的线动量(linear momentum)。线动量也是守恒的。这一点初看起来似乎与人们通常的经验不相符合。大众化主题公园中的过山车以很高的速度将寻求刺激的人们沿着轨道水平地发射出去*。由于过山车的轨道是大环套小环的结构，于是载着乘客的车厢爬上陡峭的坡道，在缓慢地停下来之前失去了动量，引力又将它拉下坡道。车厢获得了动量，再**向后**翻跟头；循环往复，直到最后停下来。在这种情况下，线动量似乎很显然是不守恒的，因为车厢先是爬上了坡道而后又归于静止。

不过这里涉及的是一个更大的物理绘景。当车厢失去动量时，它下方的轨道却不知不觉地获得了动量，使得总动量还是守恒的**。

角动量也不例外。角动量是旋转的物体所具有的动量，它可以由线动量乘以物体到转动中心的距离来计算。一位花样滑冰女选手进入旋转状态时，会把手臂和一条腿伸展开来。随着她将手臂和腿向身体的质心收回，到转动中心的距离减小了，她就旋转得更快了。这是角动

---

* 20世纪80年代初期，我在加利福尼亚以博士后研究员的身份工作时，就热衷于乘坐这样的过山车。我想我所乘坐过的那辆过山车的名字叫作"海啸"(Tidal Wave)。

** 准确地说，过山车的车轮与轨道摩擦生热，使得车厢的机械能不断损耗，最终趋于静止。——译者

量守恒在起作用。

正如线动量的例子所显示的那样，这些定律并不直观。许多世纪以来都有迹象表明守恒律是存在的。但要把一条守恒律说清楚，首先需要弄明白相应的守恒量。因此，科学家们直到19世纪才恰如其分地确认和理解了能量的概念。

如今呈现在我们面前的守恒律代表了几个世纪以来交织着成功与失败的实验和理论工作的顶峰。这些守恒律尽管很基本，但它们给人的感觉却是以经验为根据的，即它们来自观察和实验，而不是来自某一深刻的、基本的、关于这个世界的理论模型。有可能存在某种更深刻的原理，使能量和动量守恒得以自动地产生吗？

1915年，德国数学家埃米·诺特对这种可能性确信无疑。

1882年3月，埃米·诺特出生于巴伐利亚州的埃朗根市。她的父亲马克斯·诺特(Max Noether)是埃朗根大学的数学家。1900年，埃米成为埃朗根大学仅有的两名女生之一。像当时德国所有的学术机构一样，该大学并不鼓励女生求学上进，因此埃米刚开始不得不请求老师们允许她前去听课。

1903年夏天从埃朗根大学毕业以后，埃米在格丁根大学度过了冬季。在这里她聆听了一些德国大数学家所讲授的课程，其中包括希尔伯特(David Hilbert)和克莱因(Felix Klein)。之后她回到埃朗根，致力于博士论文的工作。1908年，她成为埃朗根大学一名无薪讲师。

图1.1　埃米·诺特(1882—1935)

埃米对希尔伯特的工作逐渐产生了兴趣。她发表了好几篇论文，引申和推广了希尔伯特在抽象代数领域的一些方法。希尔伯特和克莱因都开始对她刮目相看了。1915年初，他们试图将埃米召回格丁根，请她加盟数学系。

但是他们遭遇了校方顽固的抵制。

“当我们的战士从战场上回到大学校园，发现自己必须师从一位妇女，他们会做何感想？”数学系的保守派如是说。

“我不认为候选人的性别能作为反对她获取助理教授职位的理由，”希尔伯特反驳道，“我们这里毕竟是大学，而不是公共浴室。”

希尔伯特的意见占了上风，于是埃米在1915年4月迁居到格丁根。

来到格丁根后不久，埃米就推导出了一个定理。这个定理日后成为物理学最著名的定理之一。

埃米·诺特推断，能量和动量等物理量的守恒原理可能源于某些规律性的东西在起作用，这些东西将有关的物理量与某些连续的对称变换(symmetry transformation)联系在一起。守恒律是自然界所蕴含的神秘对称性的外在表现形式。

我们往往会从镜像反射的角度来考虑对称性：左-右、上-下、前-后。如果某个物体针对某个对称轴(或对称中心)而言，它的两边(或任何一边)是相同的，那么我们就说它是对称的。在这种情况下，对称“变换”就如同对物体做镜像反射。倘若该物体在经过这一操作之后不发生变化，我们就认为它具有对称性。

举个例子，面部对称性似乎是与我们人类对于美丽和魅力的感性认识密不可分的，它使我们得以一眼望去就对别人的容貌产生下意识的判断。那些被称赞长得漂亮的人都倾向于有张更对称的脸庞。一般来说，我们往往都想和那些我们认为相貌出众的人交朋友*。

这些对称变换的例子被称为“离散”(discrete)对称变换。它们要求的是从一处到另一处的瞬间“翻转”(flipping)，比如说从左到右的变换。与诺特定理(Noether's theorem)有关的对称变换则属于截然不同的类型。它们涉及的是连续的、逐渐的变化，比如沿着一个圆环做连续的转动。如果我们将一个圆环围绕它的中心转动一个无穷小的圆心角，那么这个圆环看起来没有什么变化，这一点似乎是显而易见的。圆环对于连续的转动变换是对称的。一个正方形在同样的转动变换下是不对称的，但它在以90°角做离散转动的情况下却是对称的(图1.2)。

诺特定理把每个守恒律与一个连续的对称变换联系在一起。她发现，支配能量的物理定律相对于**时间**的连续变化或变换是不变的。换句话说，在一个物理系统中，描述能量状态随时间$t$变化的数学关系在$t$向前平移一个无穷小的间隔之后是严格不变的。

这意味着这些物理定律不随着时间而改变，而这正是我们想把物理量之间的关系提升到基本“定律”的高度所期望得到的结果。这些定律在昨天、今天和明天都是一样的，都是非常可靠的。如果描述能量的物理定律不随着时间而改变，那么能量**一定**是守恒的。

对于线动量而言，诺特发现相关的物理定律对于连续的**空间平移**(translation in space)是不变的。支配线动量守恒的定律不依赖于空间中任何特定的位置。它们在这里、那里以及无论什么地方都是相同的。对于角动量而言，正如上述圆环的例子所示，相关的定律对于转动对称变换是不变的。它们与物体围绕其中心转动的**方位角**无关，总是处处相同的。

---

* 有证据表明，女性的身体在排卵前的24小时内实际上会变得更为匀称。见贝茨(Brian Bates)和克利斯(John Cleese)所著的《人脸》(*The Human Face*)一书，英国广播公司出版，伦敦，2001年，第149页。

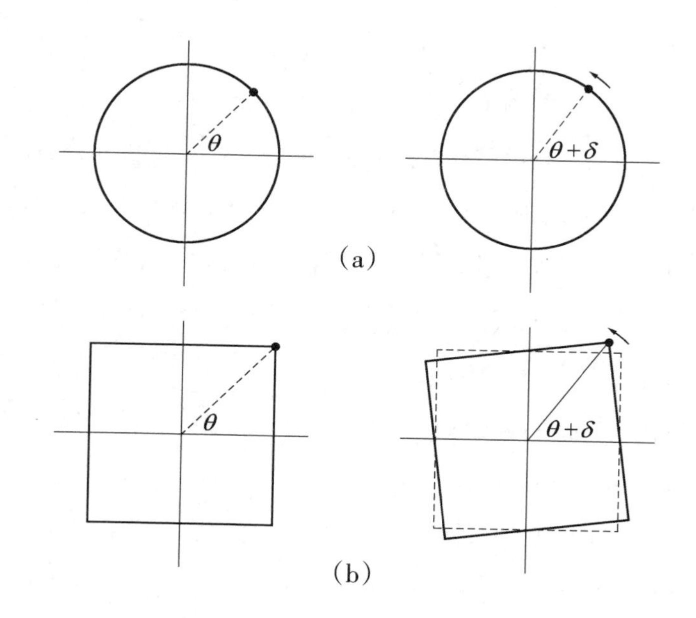


图 1.2 连续的对称变换与诸如距离或角度等连续变量的微小的、逐渐递增的变化有关。(a) 当我们把一个圆环转动一个小角($\delta$)时,圆环看起来没有发生变化,于是我们说它针对这样的变换是不变的。(b) 相反,一个正方形在同样的转动变换下是不对称的,然而它相对于90°角的**离散**转动却是对称的

诺特得到她的定理所采用的逻辑大体上是这样的。物理学中存在着某些量,仔细地观察和实验表明它们似乎是守恒量。物理学家几经努力,推导出支配着这些量的物理定律。他们发现这些定律对于某些连续的对称变换是不变的。这种不变性意味着相应的物理量**必须**是守恒量。

我们现在也可以把这一逻辑倒过来考虑。假设存在一个看上去守恒的物理量,但是人们还没有完全搞清楚支配其行为的物理定律。如果该物理量确实守恒,那么不论相应的物理定律是什么,它们对于特定的连续对称变换一定是不变的。倘若我们能够发现这种对称性是什么,那么我们就已经踏上了通往确定相应物理定律的正道。

将诺特的逻辑逆向化的做法提供了一条途径,可以避免大量碰运气的推理性工作。物理学家因此掌握了一种确认物理定律的方法,它有助于排除各种各样的、可能存在的数学结构。发现隐藏在物理量背后的对称性为寻求有关问题的答案提供了一条捷径。

确实存在一个似乎严格守恒的物理量,但是还有待于推导出与之相称的物理定律。这个量就是电荷。

古希腊的哲学家早就知道了静电现象。他们发现,可以通过物质之间的摩擦(比如用毛皮摩擦琥珀)产生电荷甚至电火花。关于电学的科学研究有很长的历史,也很有代表性,其中的参与者很多。但把众多的观察和实验合成为浑然一体的知识体系的却是英国物理学家法拉第(Michael Faraday),他当时供职于伦敦的皇家学会,而他的工作使得人们理解了电荷的性质。多次实验的结果导致了一个必然的结论:在任何物理变化或化学变化中,电荷既不能产生也不能消灭。电荷是守恒的。

当时并不缺乏支配电荷及其与磁学的神秘关系的物理规律或定律——库仑定律(Coulomb's law)、高斯定律(Gauss's law)、安培定律(Ampère's law)、毕奥-萨伐尔定则(Biot-Savart's rule)、法拉第定律(Faraday's law),等等。正如牛顿曾经颠覆了行星运动的理论,苏格兰物理学家麦克斯韦(James Clerk Maxwell)在19世纪60年代初期颠覆了电磁学。与法拉第就电学实验所做的统一工作相匹配,麦克斯韦将电磁学的定律做了一个大胆的理论综合。他的方程组很漂亮,把运动电荷所

---

* 是时候解释一下我们在这里所使用的"场"(field)的概念了。与引力或电磁力相关联的场在产生它的物体周围的空间每一点处都具有大小和方向。你可以通过在该场中放入一个对相应的力很敏感的物体来探测场的存在。随便拿起一个物体(最好不容易破碎)并放手使之下落。该物体的反应是由你使之下落处的引力场的大小和方向来决定的。物体感受到了重力,因此它会落到地面。

产生的电场和磁场紧密地结合起来*。

麦克斯韦方程组还表明,包括光在内的所有电磁辐射都可以描述为一种波动现象,其速度可以由已知的物理常量计算出来。后者包括:(1)自由空间的电容率(permittivity),它度量的是真空传导电场的能力,或容许电荷产生电场的能力;(2)自由空间的磁导率(permeability),它度量的是真空在运动电荷周围逐渐形成磁场的能力。当麦克斯韦按照他的新电磁学理论把这些常量结合在一起时,他得到了“电磁波”的速度,其结果正好等于光速。

但是麦克斯韦方程组处理的是电荷产生的**场**,而不是电荷本身。它们是密切相关的,可是该方程组在原则上并没有给出理解电荷守恒之根源的依据。依照诺特定理,寻找支配电荷的定律变成了寻找潜在的连续对称变换,前者之于后者是不变的。

德国数学家外尔(Hermann Weyl)开展了此番寻找的工作。

1885年,外尔出生于汉堡附近的小镇埃尔姆斯霍恩。在希尔伯特的指导下,他于1908年在格丁根大学获得了博士学位。随后外尔获取了苏黎世联邦理工学院(ETH)的教授职位,在那里他遇到了爱因斯坦,并被数学物理中的一些问题吸引住了。

图1.3　外尔(1885—1955)

爱因斯坦在1915年提出他的广义相对论时,摒弃了任何意义上的绝对空间和绝对时间。相反,他主张物理学应该只依赖点与点之间的距离以及每个点的时空曲率(curvature)。这就是爱因斯坦的**广义协变性**原理(principle of general covariance),而由此产生的引力理论对于坐标系的任意变化都是不变的。换句话说,虽然存在自然而然的物理定律,却绝不存在“自然而然的”宇宙坐标系。我们发明的坐标系有助于描述物理学，但是物理定律本身不应该（也绝不）依赖于这些坐标系的任意选取。

我们有两种途径可以改变坐标系。我们可以做一个**整体**（global）变换，即把该变换统一地应用于空间和时间的所有点。这种全局对称变换的一个例子是在纬度线和经度线上的统一平移。纬度线和经度线被制图师用来绘制地球表面。只要变化是统一的，在应用于全球各地时保持其一致性，那么就不会对我们从一处到另一处的航行产生任何影响。

不过所做的变化也可以是**定域的**（local），即在时空的不同点对坐标做不同的改变。比方说，我们可以在空间的一个特定部位选择将我们的坐标系的轴转动一个小角，同时改变坐标轴的刻度。假如把这一变换转化成对位置差和时间差的度量标准的改变，那么它不会对广义相对论的预言产生任何影响。因此，广义协变性是定域对称变换不变性的一个实例。

外尔对诺特定理做了长期而艰苦的思考，并研究了连续对称变换的群理论，后者叫作李群（Lie groups），是以19世纪挪威数学家索弗斯·李（Sophus Lie）的姓氏命名的。外尔在1918年得出结论：守恒律是和定域对称变换联系在一起的。他给这种对称性起了个通名，叫作“规范对称性”（gauge symmetry）。不过很遗憾，这是一个相当晦涩的名词术语。受到爱因斯坦的工作的引导，外尔一直在考虑与不同时空点之间的距离有关的对称性，例如火车在间距固定轨道上的运行。

把广义协变性原理推广为规范不变性（gauge invariance）原理之后，外尔发现他可以将爱因斯坦的理论作为基础来推导麦克斯韦电磁学方程组。他所揭示的似乎是一个能够把当时科学界已知的两种力——电磁力和引力——统一起来的理论。那么，等同于守恒律的不变性就可以和相关的场在“规范”方面的任意变化联系起来。外尔希望以这种方式证明能量守恒、线动量和角动量守恒，**以及**电荷守恒。

外尔最初把规范不变性的原因归结为空间本身。可是，正如爱因斯坦很快就指出的那样，这意味着测量出来的木棒长度和时钟读数将会依赖它们近期的行为。绕着房间移动的时钟将不再准确报时。爱因斯坦写信给外尔，抱怨道：“撇开[你的理论]与事实不相符不说，它起码在智慧方面是一个伟大的成就。”

外尔对这一批评深感不安，但他承认，爱因斯坦在这类事情上的直觉通常都是可靠的。于是乎外尔放弃了自己的理论。

三年后的1921年，奥地利物理学家薛定谔(Erwin Schrödinger)当上了苏黎世大学的教授。可就在几个月以后，他被诊断为患有疑似肺结核的病症。校方要求他进行彻底的休息和治疗。于是他和妻子安妮(Anny)隐居到阿罗萨高山疗养胜地的别墅，靠近有钱人经常光顾的达沃斯滑雪胜地。他们在那里逗留了九个月。

薛定谔在安妮的护理下逐渐恢复了健康，他开始思考外尔规范对称性的重要性，特别是出现在外尔理论中的周期性“规范因子”(gauge factor)。1913年，丹麦物理学家玻尔(Niels Bohr)发表了原子结构理论的细节，其中电子必须以固定的能量围绕原子核转动，而固定的能量是由它们的“量子数”(quantum number)来描述的。这些整数支配着电子轨道的能量，它们从最里面的轨道到最外面的轨道以线性序列增长(1，2，3，…)。这些量子数的起因在当时完全是个谜。

图1.4 薛定谔(1887—1961)

薛定谔被两种周期性之间的可能关联所打动：一种是外尔的

规范因子所隐含的周期性，而另一种是玻尔的原子轨道量子化所隐含的周期性。他检查了规范因子几种可能的形式，其中包括含有一个复数的情形。复数是由一个实数乘以“虚数”(imaginary number)i组成的，而i就是-1的平方根*。在一篇发表于1922年的论文中，他暗示上述关联具有深刻的物理意义。但这一点从直觉的角度来看是很模糊的。直到1924年，在研究了法国物理学家德布罗意(Louis de Broglie)的博士论文之后，薛定谔才理解了这种关联的真正意义。

德布罗意指出，正如电磁波的行为看起来像粒子一样**，或许像电子这样的粒子有时的行为与波并没什么两样。不论它们到底是什么，都不能不分青红皂白地把这些“物质波”(matter waves)看成是我们更熟悉的波动现象，比如声波或水波。德布罗意的结论是，物质波“代表了**相位**(phase)的空间分布，也就是说，它是一种‘相位波’(phase wave)”***。

薛定谔陷入了沉思：如果用数学语言把电子描述成波，它会是什么样子呢？在1925年的圣诞节期间，他再次隐居到阿罗萨。他和妻子的关系跌到了空前的谷底，因此他决定邀请维也纳的前女友和他住在一起。他还带去了自己研究德布罗意的论文时所做的笔记。当他于

---

* i是“虚”的，这只说明了人们不可能计算-1的平方根。任何正数或负数取平方时，总是得到正数。但即使-1的平方根不存在，也不能阻止数学家们使用它。因此，任何负数的平方根都可以用i来表达。比方说，-25的平方根是5i，5i被称为复数或虚数。

** 1905年，爱因斯坦把这些粒子叫作“光量子”(light quanta)。如今我们称之为光子。

*** 相位波的一个常见例子来自围绕着体育场传播的“墨西哥”波。这种波是由一个个观众在变换姿势时所做的运动而产生的，他们的姿势变换包括从举起手臂站立着(相位的“峰值”)到在座位上坐着(相位的“谷值”)。相位波是观众的协调运动所造成的，可以围绕着体育场传播，其传播速度比维持着这种波动的一个个观众的奔跑速度要快得多。

1926年1月8日返回苏黎世时，他已经发现了**波动力学**(wave mechanics)。该理论将电子描述成一种波，并利用电子的“波函数”来描述玻尔原子理论中的电子轨道。

现在有可能建立外尔理论和玻尔理论之间的关联了。李群的一个例子是U(1)对称群，它指的是含有一个复变量的幺正变换群。该群所涉及的对称变换在很多方面和在一个圆环上做连续转动所涉及的对称变换十分相似。不过，在二维平面上画出的圆是由实数维度构成的，而U(1)对称群变换所涉及的是在二维**复平面**(complex plane)中的转动。复平面是由一个实数维度和一个虚数维度构成的，后者相当于实数维度乘以i。

描述该对称群的另一种方式是针对正弦波的**相位角**(phase angle)做连续变换(见图1.5)。不同的相位角在峰与谷的周期性循环中对应不同的波幅。如果电子波函数的相位变化同与其相伴的电磁场的变化互相匹配，那么外尔的规范对称性就得以保持。电荷守恒可以归因于电子波函数的定域相位对称性。

1927年，年轻的德国理论学家伦敦(Fritz London)和苏联物理学家福克(Vladimir Fock)将波动力学和外尔的规范理论之间的关联明确化了。1929年，外尔在量子力学的范畴内修改和扩充了自己的理论。

德布罗意的波粒“二象性”(duality)意味着人们把电子既视为波又视为粒子。但这怎么可能呢？粒子是定域的点状物质，而波是介质中非定域的扰动现象(考虑水池中因投掷石块而引起的波纹)。粒子只出现在一处，而波会出现在各处。

波粒二象性的物理后果之一在于，我们无法同时精确测量一个量子粒子的位置和动量(尤其是它的速度和方向)。想想看，假如我们能够测量一个波动粒子的精确位置，那么这一定意味着它在空间和时间中被局域化了。它处在一个地方。对于波而言，只有当它是由大量的

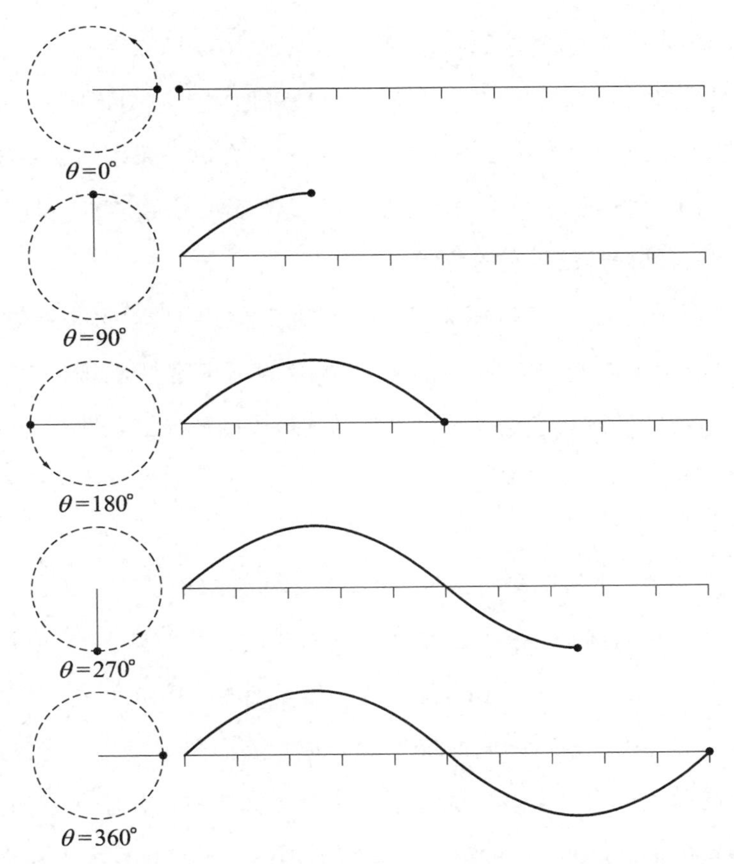


图 1.5 U(1)对称群是含有一个复变量的幺正变换群。在由一个实轴和一个虚轴构成的复平面中，我们可以对圆周线上的任何复数做准确定位，相应的圆是通过连续转动与实轴成$\theta$度夹角的半径而形成的。在这种连续的对称性和简单的波动之间存在着深刻的关联，其中$\theta$角就是相位角

频率不同的波形结合在一起而构成的，使得波形叠加起来之后在空间的一处产生的波很大，而在其他地方产生的波很小，这种情形才可能出现。此时我们知道了波的位置，但代价是波的频率完全不确定，因为整个波形一定是由许多频率不同的波动组成的。

不过在德布罗意的假说中，波频的倒数与粒子的动量直接相关*。

---

* 德布罗意关系可表达成$\lambda = h/p$，其中$\lambda$是波长（与频率的倒数相关），$h$是普朗克常量，而$p$是动量。这意味着$p = h\nu/c$，其中$c$是光速，而$\nu$是频率。

因此,频率的不确定性意味着动量的不确定性。

反过来也是对的。如果我们想要精确地测定波的频率,从而精确地获悉粒子的动量,那么我们就不得不和具有单一频率的单一波形为伍。但另一方面,我们无法使波局域化。波动粒子在空间蔓延开去,我们无法再精确地测量它的位置。

这种与位置和动量相关的不确定性是德国物理学家海森伯(Werner Heisenberg)在1927年所发现的著名的不确定性原理(uncertainty principle)的基础。它是量子世界中基本粒子的波粒二象性行为的直接后果。

1930年,外尔返回格丁根,接任退休的希尔伯特空出来的教授职位。他可以与诺特在一起工作了。诺特当时还留在格丁根,但是1928年至1929年的冬天她曾在莫斯科大学做短期的工作访问。

1933年1月,希特勒(Adolf Hitler)成为德国总理。几个月以后,希特勒的国家社会主义政府颁布了关于重建文职机关任职制度的法令,这是400条此类法令中的第一条。它为纳粹分子禁止犹太人在文职部门任职提供了法律基础,其中也包括德国大学的学术职位。

外尔的妻子是犹太人,于是他离开德国,投奔身在美国的爱因斯坦,加入了位于新泽西州的普林斯顿高等研究院。诺特也是犹太人,她因此被剥夺了在格丁根的教职。她在有生之年从未担任过正教授。1933年年底,诺特加盟美国宾夕法尼亚州的布林莫尔学院,这是一所文科大学。她在两年后逝世,享年53岁。

诺特去世后不久,《纽约时报》(*New York Times*)刊登了一篇由爱因斯坦撰写的讣告。他写道:

> 基于那些目前在世的、最出色的数学家的评价,诺特小姐是女子高等教育有史以来所造就的最具创造力的数学天才。

在很多最有天赋的数学家辛勤探索了几个世纪的代数领域，她发现了一些研究方法，这些方法已被证明对于今天新一代数学家的发展来说是极其重要的。纯粹数学，就其特点而言，是逻辑思想的诗篇。人们寻求最一般的运算思路，从而把最大可能限度的形式关系以一种简洁的、合乎逻辑的和统一的方式综合在一起。在朝着逻辑之美而努力的过程中，人们发现超自然的公式对于更深刻地洞察自然律是必不可少的。

第二章

# 并非一个充分的理由

杨振宁和米尔斯(Robert Mills)试图发展强核力的量子场论,而这激怒了泡利。

当狄拉克在1927年成功地把量子理论和爱因斯坦的狭义相对论结合起来的时候,他得到的结果是电子自旋和反物质。毫无疑问,狄拉克方程可以被看成是一个绝对的奇迹,但人们也很快就意识到这绝不是故事的结局。

物理学家开始承认,他们需要一个成熟的关于量子电动力学(QED)的相对论性理论。该理论本质上将是麦克斯韦方程组的量子版本,而麦克斯韦方程组本身符合爱因斯坦的狭义相对论。这样一个理论必然包含对电磁场的量子描述。

有些物理学家相信,场要比粒子更为基本。他们认为正确的量子场论应该导致粒子的产生,这些粒子是场自身的“量子”(quanta),把力从一个相互作用的粒子传递给另一个相互作用的粒子。情况似乎很清楚,光子就是量子化的电磁场的场粒子。当带电粒子相互作用的时候,光子要么被产生,要么被消灭。

德国物理学家海森伯和奥地利物理学家泡利在1929年提出来的正是这样一种形式的量子场论。可是存在一个大问题。物理学家发现,他们无法严格地求解场方程。换句话说,他们不可能写出场方程的解，使得它的数学表达式具有单一、自洽的形式，并适用于所有情况。

海森伯和泡利不得不采取另一种途径，基于所谓的微扰展开（perturbation expansion）来求解相关的场方程。依照这种方法，可以把方程改写为一个可能含有无穷多级数项的和——$x^0 + x^1 + x^2 + x^3 + \cdots$。该级数始于“零阶”（zeroth-order）表达式或“零阶”相互作用项，这一项可以严格地求解。把额外的（微扰）项加上去，则代表着对“零阶”项的1阶修正（$x^1$）、2阶修正（$x^2$）、3阶修正（$x^3$），等等。原则上，展开式中的每一项给予“零阶”结果越来越小的修正，逐渐使计算结果越来越接近实际的结果。因而最终结果的精度只是依赖于计算中所考虑的微扰项的数目。

但是他们发现，在微扰展开式中，得到的修正并非越来越小，而是有些修正项会很快发散并趋于无穷大。当把微扰展开方法用于电子的量子场论时，人们确定这些发散项是由电子的“自能”（self-energy）产生的，后者是电子与它自己的电磁场相互作用的结果。

当年针对这个问题，并不存在任何显而易见的解决方案。

事情停滞在那里。1932年，查德威克发现了中子。在这一发现随后的几年时间里，意大利物理学家费米利用高能中子轰击不同化学元素的原子，以寻找有趣的新物理现象。德国化学家哈恩（Otto Hahn）和斯特拉斯曼（Fritz Strassman）对费米的一些实验结果感到困惑不解，于是他们研究了中子轰击铀原子的产物，得到了更加令人困惑的结果。哈恩的长期合作者迈特纳（Lise Meitner）和她的物理学家外甥弗里希（Otto Frisch）在1938年的圣诞节前夜讨论了这些结果。当时他们两人都被纳粹德国驱逐出境了。他们的热烈讨论导致了核裂变的发现。

这是一个不祥的发现，是在1939年1月被报道出来的，只比第二次世界大战的爆发早了8个月*。物理学家从超凡脱俗的知识分子转变成

---

* 此处原文误写为9个月。——译者

了单一民族国家中最重要的军事资源，他们此时此刻要做的事情是将核裂变的发现转化为世界上最可怕的战争武器。

1947年，终于到了物理学家把他们的注意力转回到那些困扰着量子电动力学的问题的时候了。当时有人声称，理论物理学已经萧条了将近20年。

但是另一个创造力大爆发的时期接踵而至。1947年6月，一群顶尖的美国物理学家聚集在“公羊头”酒店，参加了一个只有接到邀请才有资格参加的小型会议。“公羊头”酒店是谢尔特岛上一家很小的隔板客栈兼酒馆，而谢尔特岛坐落在纽约长岛的东端。

这是一个出类拔萃的群体，其中包括原子弹之父奥本海默（Julius Robert Oppenheimer）、洛斯阿拉莫斯国家实验室理论部主任贝特（Hans Bethe）、韦斯科普夫（Victor Weisskopf）、拉比（Isidor Rabi）、特勒（Edward Teller）、范弗莱克（John van Vleck）、冯·诺伊曼（John von Neumann）、兰姆（Willis Lamb）和克拉默斯（Hendrik Kramers）。新一代物理学家的代表包括惠勒（John Wheeler）、派斯（Abraham Pais）、费曼、施温格（Julian Schwinger），以及奥本海默以前的学生塞尔贝尔（Robert Serber）和玻姆（David Bohm）。会议组织者也向爱因斯坦发出了邀请，但是他以健康不佳的原因而谢绝了邀请。

物理学家听说了一些令人不安的新实验结果。兰姆发现，氢原子的两个量子态之间存在着细微的能级偏移。这种现象后来被称为“兰姆移位”（Lamb shift），是以它的发现者命名的。狄拉克的理论所做的预言是，这两个量子态应该具有完全相同的能量。

还有更多的问题。拉比宣布了关于电子的$g$因子的新测量结果：这个反映了电子与磁场相互作用强度的物理量，其数值等于2.002 44。狄拉克的理论所做的预言是，$g$因子严格等于2。

如果没有一个完善的QED理论，理论学家根本无法预言这些实验结果。尽管狄拉克理论遭到上述问题的困扰，而问题来自理论的内在数学结构，但自然界本身似乎并没有无穷大等问题。物理学家不得不另辟蹊径，以某种方式解决这类问题。

物理学家的讨论持续到深夜。他们分成小组，每个组二至三人。走廊里面回荡着他们辩论的声音，因为他们恢复了对物理学的激情。施温格后来评论道："这类物理问题在人们的心中已经压抑了五年之久。那是他们第一次得以相互交谈，身边不再有人关注他们的一举一动，不再有人问'你们的交谈得到上司批准了吗？'之类的问题。"

接着出现了一线希望。荷兰物理学家克拉默斯概略地描述了一条新的途径来考虑电子在电磁场中的质量。他建议把电子的自能看成是对其质量的额外贡献。

贝特在会后返回纽约，然后乘火车来到斯克内克塔迪。他当时在那里有一份兼职工作，为美国通用电气公司做顾问。他坐在火车上，漫不经心地摆弄着QED的方程式。现有的QED理论预言了无穷大的兰姆移位，这是电子自能所导致的后果。贝特此刻接受了克拉默斯的建议，他把微扰展开中的无穷大项看成是电磁质量效应。这样一来，他怎么才能消除无穷大呢？

图2.1　贝特（1906—2005）

他的逻辑是，只要把这一项减掉就可以了。对束缚在氢原子中的电子做微扰展开，展开式中包含了一个无穷大的质量项。但是对自由电子做展开也包含相同的无穷大质量项。为什么不干脆用一个微扰级数展开式减去另一个微扰级数展开式,从而消除无穷大的项呢？用无穷大减去无穷大,这听起来似乎应该得出一个荒谬的答案*,但贝特此时却发现：在QED的非相对论简化版本中,这种对无穷大的减除所导致的结果虽然仍旧有些问题,但其行为却表现得更加整洁有序。他预测,在一个完全服从爱因斯坦狭义相对论的QED理论中,这种“重正化”(renormalization)过程将会彻底消除无穷大的问题,并给出现实的、有物理意义的答案。

由于上述重正化步骤在一定程度上弱化了有关方程的无穷大发散问题,贝特得以对兰姆移位的理论预期值给出一个粗略的估计。他在计算中引入的不确定性差不多相当于一个因子2。一赶到通用电气公司的研究实验室,贝特就跑到图书馆重新做了计算,确保自己在路上得到的结果是对的。他得出的对兰姆移位的预言结果只比兰姆本人在谢尔特岛会议上所报告的实验值大了4%。

他绝对是歪打正着了。

一个明确的可以如此这般重正化的相对论性QED理论还需要更多一点时间才能发展起来。施温格在一场马拉松式的长达五小时的报告会中描述了该理论的一个版本。他是在谢尔特岛会议之后的一个会议上做的报告,这次会议的时间是1948年3月,地点是波科诺山的波科诺

* 吃不准吗？那就试一下。整数的无穷级数之和1 + 2 + 3 + 4 +…显然等于无穷大。但偶整数的无穷级数之和2 + 4 + 6 + 8 + …也等于无穷大。那么让我们用无穷大减去无穷大,即从整数的级数中减去偶整数的级数。我们得到的是一个奇整数的无穷级数之和1 + 3 + 5 + 7 + …,它也等于无穷大,但它却是一个合乎情理的结果。这个例子取自格里宾(John Gribbin)的著作《Q代表量子：粒子物理学从A到Z》(*Q is for Quantum: Particle Physics from A to Z*),韦登菲尔德与尼克尔森出版社,伦敦,1998年,第417页。

图2.2 施温格(1918—1994)

庄园旅店,靠近宾夕法尼亚州的斯克兰顿。他的数学语言相当令人费解。似乎只有费米和贝特从头到尾理解了他的推导过程。

施温格的竞争对手费曼来自纽约,他在此期间发展了一套完全不同的、更为直观的方法来描述和跟踪QED的微扰修正。他们两个人谁都搞不懂对方的方法,但是当他们在施温格的报告会之后相互比对计算草稿的时候,才发现他们的结果是完全相同的。"这样我就确信自己没有犯傻。"费曼说。

这似乎意味着事情已经了结了,但是奥本海默听说还有另外一条成功的途径通往QED。他从波科诺会议回来后不久,就收到了日本物理学家朝永振一郎的来信。朝永振一郎所采用的重正化方法与施温格的相似,但前者的数学语言看起来更加简单易懂。当时的情况相当混乱。这些通往相对论性QED理论的途径迥然各异,却都得出了同样的答案,但没有人能够完全弄明白这是为什么。

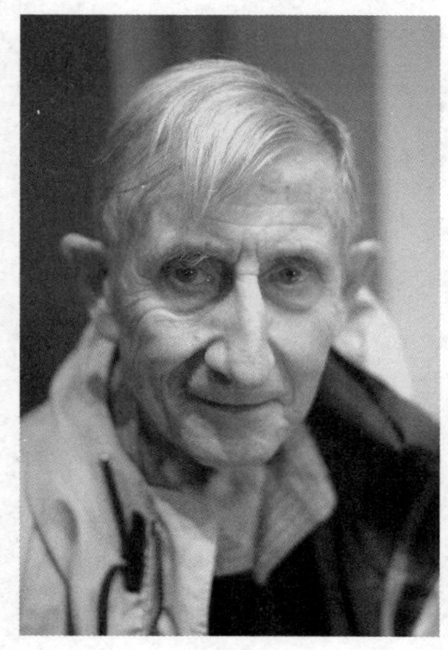
图2.3 戴森(1923—2020)

年轻的英国物理学家戴森(Freeman Dyson)接受了这一挑战。1948年9月2日,他从靠近加利福尼亚州旧金山市的伯克利登上了开往东海岸的公共汽车。"在旅程的第三天,发生了一件不同寻常的事情,"他在几个星期之后写给父母的信中说道,"当一个人坐了48小时的公共汽车之后,不免进入一种半睡半醒的状态。我开始费力地思考物理问题,特别是施温格和费曼成竞争之势的辐射理论。我的想法逐渐变得愈发连贯。我在分辨出自己身处何地之前,已经解决了那个一整年都浮现在我脑海中的问题。我证明了两套理论的等价性。”

一个完全相对论性的QED理论诞生了,它对实验结果的预言达到了令人惊讶的准确度和精确度。QED预言电子的$g$因子的数值为2.002 319 304 76,与之相对照的实验值为2.002 319 304 82*。“为了给你一个有关这些数字的精度的感觉,”费曼后来写道,“可以打这样一个比方:假如你想把从洛杉矶到纽约的距离测量到这一精度的话,那么你的测量结果就要精确到一根头发丝的粗细。”

QED的成功为粒子物理学的发展开创了一些重要的先例。现在看来,描述一个基本粒子及其相互作用的正确方式是采用量子场论,其中所涉及的力是由场粒子来传递的。如同麦克斯韦的电磁学理论,QED是一个U(1)规范理论,其中电子波函数的定域U(1)相位对称性与电荷守恒相关联。

现在把注意力转到原子核的内部,转到质子和中子之间强作用力的量子场论。但这里存在另一个难题。电荷守恒和电磁学之间的关联从直觉上来说是显而易见的,不论是在经典电磁学中还是在它的量子版本中。如果想要发现强作用力的量子场论,首先需要做的事情是找出什么物理量在强相互作用中严格守恒,以及与之相联系的连续对称变换是什么。

---

*这些数字会受到实验和理论两方面不断改进的影响。这里所引用的数值取自考伦(G. D. Coughlan)和多德(J. E. Dodd)所著的《粒子物理学之观念:科学家入门指南》(*The Ideas of Particle Physics: An Introduction for Scientists*),剑桥大学出版社,1991年,第34页。

图2.4　杨振宁（生于1922年）

华裔物理学家杨振宁相信，在与强作用力有关的原子核相互作用过程中，守恒量是**同位旋**（isospin）。

1922年，杨振宁出生于中国东部的安徽省省会合肥。他在昆明的西南联大度过了自己的大学时光。西南联大是在1937年日本军队侵略中国以后，由清华大学、北京大学和南开大学组成的。杨振宁毕业于1942年，两年之后他被授予了硕士学位。在被称作庚子赔款*奖学金**的资助下，他在1946年动身前往芝加哥大学，继续他的求学生涯。

在芝加哥，杨振宁在特勒的指导下学习核物理学。他读了美国发明家和政治家富兰克林（Benjamin Franklin）的自传后受到启发，借用富兰克林的姓氏为自己取了一个英文"中间名"（middle name），叫作"富兰克林"，或简称"弗兰克"（Frank）。杨振宁于1948年获得了博士学位，之后他又在芝加哥大学工作了一年，给费米当助手。1949年，杨振宁加盟普林斯顿高等研究院，开始了崭新的研究生涯。

在普林斯顿，为了寻找强作用力的量子场论，杨振宁开始思考能够把诺特定理应用到强相互作用的方式。

---

* 1900年（庚子年），中国的义和团运动引致八国联军武力干涉，八国联军占领了北京紫禁城皇宫。1901年（辛丑年）9月，清政府和11个国家达成了屈辱的《解决1900年动乱最后议定书》，即《辛丑条约》。条约规定，中国从海关银等关税中拿出4.5亿两白银赔偿各国，并以各国货币汇率结算，按4%的年息，分39年还清。这笔钱史称"庚子赔款"，西方人称为"拳乱赔款"（Boxer Indemnity）。——译者

** 这是一种由美国管理的奖学金，其基金是由中国政府支付的。

同位旋的概念来自一个简单的事实：质子和中子的质量非常相近*。当中子在1932年被发现时，人们假设它是由质子和电子组成的复合粒子，这是很自然的。众所周知，β放射性衰变涉及的是高速电子直接从原子核中喷射出来，在此过程中把中子转化为质子。这似乎暗示着在β放射性中，复合中子以某种方式放弃了“被粘贴上去”的电子。

发现中子后不久，海森伯利用“中子=质子+电子”的想法发展出一个原子核中质子-中子相互作用的早期理论。这是一个主要基于化学键(chemical bonding)理论的模型。

海森伯假设质子和中子通过彼此之间交换电子而绑定在原子核中，在这一过程中质子转化为中子，而中子转化为质子。两个中子之间的相互作用则涉及两个电子作“逆向”的交换。

图2.5 海森伯(1907—1976)

这种交换间接表明，在原子核中质子和中子趋向于失去各自的身份，不间断地从一种形式转换为另一种形式。这符合海森伯的目的，他把质子和中子想象成只不过是同一个粒子的不同状态，两者之间的区别在于这些状态的不同性质。不同的状态具有不同的电荷，当然，一个是正的而另一个是中性的。不过要想使理论生效，他

* 亚原子粒子的质量通常是由能量单位来表达的，两者之间是通过爱因斯坦方程 $m = E/c^2$ 联系起来的。质子的质量为938.3 MeV/$c^2$，这里MeV代表百万电子伏。中子的质量为939.6 MeV/$c^2$。人们常常忽略掉 $c^2$ 项(意味着它是隐含的)，于是质子和中子的质量可以分别简单地写成938.3 MeV和939.6 MeV。1电子伏是一个带负电荷的电子在通过1伏的电场时被加速而获得的能量数值。

还需要引进另外一个与电子自旋类似的性质。

于是海森伯引进了同位旋的想法，其中质子的同位旋取向被（任意地）选定为上旋，而中子的同位旋取向为下旋。注意不要把核子的同位旋与电子的自旋相混淆。这些“同位旋空间”（isospin space）的取向只有二维，向上和向下。那么，把中子转变成质子就等价于在同位旋空间“转动”中子的自旋，从下旋到上旋。

这一切听起来很神秘，但是同位旋在许多方面与电荷很相像。我们对电学十分熟悉，这一点不应该使我们忽视一个事实：电荷也具有一种取“值”（value）而不是取“向”（orientation）的性质，它在抽象的二维“荷空间”（charge space）中只能取正值和负值。

即使作为一个简单的类比，海森伯的理论也已经很牵强了。通过交换电子而形成的化学键的强度要比将质子和中子束缚在原子核内部的力的强度弱得多。但海森伯得以利用这一理论使非相对论性量子力学适用于原子核自身。在一系列发表于1932年的论文中，他解释了核物理学中的许多观测结果，比如同位素的相对稳定性。

该理论的弱点在随后几年所进行的实验中暴露无遗。由于质子不具有“被粘贴上去”的电子，海森伯的电子交换模型不容许质子之间存在任何类型的相互作用。与此相反，实验结果表明质子之间的相互作用强度相当于质子和中子之间的相互作用强度。

尽管该理论存在一些缺点，但海森伯的电子交换模型至少还拥有一点真知灼见。人们放弃了电子交换的想法，但保留了同位旋的概念。就强作用力而言，质子和中子相当于同一个粒子的两种不同的状态，就像电子的两种自旋取向一样。两者之间的唯一差别就是它们的同位旋。

质子和中子各自的同位旋可以叠加起来，得出总的同位旋。总同位旋的概念最早是由维格纳（Eugene Wigner）在1937年提出来的。有关核反应的文献资料似乎证实了总同位旋守恒的想法，就像电荷在物理变化和化学变化中守恒一样。杨振宁此时把同位旋视为一种定域的规范对称性，如同量子电动力学理论中电子波函数的相位对称性。他开始寻找能够保证同位旋守恒的量子场论。

他很快就陷入僵局，但却对这个问题痴迷不已。“有时候，对一件事情过于痴迷最终会给你带来好结果。”他后来评述道。

1953年夏天，杨振宁离开普林斯顿高等研究院进行短暂的学术休假，访问了位于纽约长岛的布鲁克黑文国家实验室（Brookhaven National Laboratory，简称BNL）。他到了BNL才得知，自己要和一位叫米尔斯的年轻美国物理学家共享一间办公室。

米尔斯被杨振宁的痴迷吸引住了，两个人一起针对强核力的量子场论展开了研究工作。“没有其他更直接的动机，”米尔斯许多年后解释说，“他和我只是扪心自问：‘这种事情出现过一次了。为什么不再出现一次呢？’”

在QED中，电子波函数的相位随时间和空间的变化被相应的电磁场的变化抵消了。场起到了让有关变化“复原”的作用，使相位对称性得以保持不变。但关于强作用力的新量子场论不得不对如今涉及两个粒子的事实做出解释。假如同位旋对称性是守恒的，这就意味着强作用力不区分质子和中子。同位旋对称性的变化（比如“旋转”中子使之变成质子）要求一个场的存在来使该变化“复原”，从而恢复同位旋对称性。因此为了做到这一点，杨振宁和米尔斯引进了一个新的场，他们称之为“B”场。

简单的U(1)对称群无法满足这种复杂的物理要求，于是杨振宁和米尔斯找到了SU(2)对称群，这是一种含有两个复变量的特殊幺正变换群。只是因为现在涉及可以相互转换的两个对象，所以才需要更大的对称群。

该理论还需要三个新的场粒子，负责在原子核内部质子和中子之间传递强作用力，它们与QED中的光子类似。三个场粒子中的两个必须携带电荷，以解释源自质子－中子和中子－质子相互作用的电荷变化。杨振宁和米尔斯把这两个粒子称作$B^+$和$B^-$。第三个粒子是中性的，像光子一样，用以解释不含电荷变化的质子－质子和中子－中子相互作用。它被称为$B^0$。他们发现这些场粒子不仅与质子和中子相互作用，而且彼此也相互作用。

到了那年夏天结束的时候，他们已经研究出来一个解决方案。但是这一方案涉及一系列的新问题。

首先，重正化方法在用于QED理论时如此成功，但却不适用于杨振宁和米尔斯所发明的场论。更糟糕的是，微扰展开式的“零阶项”表明，场粒子应该是无质量的，就像光子一样。但这是自相矛盾的。海森伯和日本物理学家汤川秀树（Hideki Yukawa）已经在1935年指出，诸如强作用力这样的短程力的场粒子应该是“重型”的，也就是说，它们应该是较大的、有质量的粒子。无质量的场粒子对于强作用力而言没有任何意义。

之后杨振宁回到了普林斯顿。1954年2月23日，他在学术研讨会上做了一个报告，讲述他和米尔斯所做的工作。奥本海默坐在听众席上。泡利也坐在听众席上。泡利是在1940年来到普林斯顿大学的。

事实上，泡利早前做过一些同样的逻辑推理；而且在场粒子质量的问题上，他得到过同样令人困惑的结论。他因而放弃了这条途径。当杨振宁在黑板上写出他的方程式时，泡利开始发难了。

“这个B场的质量是多少？”他明知故问。

“我不知道。”杨振宁有点胆怯地回答。

“这个B场的**质量**是多少？”泡利在“质量”二字上加强了语气。

“我们已经研究了这个问题，”杨振宁回答，“这是一个非常复杂的问题，我们现在还无法回答它。”

“这不是一个充分的理由。”泡利嘟囔着说。

杨振宁有点惊呆了，他神情尴尬地坐下来。“我认为我们应该让弗兰克继续讲下去。”奥本海默提议。于是杨振宁继续做报告。泡利没有再问任何问题，但他很不开心。第二天他给杨振宁留了一张字条，上面写道：“我感到抱歉的是，你让我在报告会之后几乎无法与你交谈。”

问题在于，泡利所紧追不舍的问题依然存在。没有质量，杨-米尔斯场论中的场粒子就不符合物理期待。正如该理论所预言的那样，场粒子如果没有质量的话，那么它们就应该像光子一样无处不在，然而这样的粒子还从未被观测到。公认的重正化方法也不起作用。

可是，杨-米尔斯理论依然是一个**优美的**理论。

“我们的想法很**漂亮**，应该发表出来，”杨振宁后来在自己的文选中写道*，“但规范粒子的质量是多少呢？我们没有站得住脚的结论，只有一些沮丧的经验。我们的经验表明，[这个]问题要比电磁学更棘手。基于物理学的理由，我们倾向于相信：带电的规范粒子不可能没有质量。”

1954年10月，杨振宁和米尔斯发表了一篇描述他们的研究成果的论文。他们在论文中写道：“我们接下去会处理[B]量子的质量问题。对于这个问题，我们现在还没有一个令人满意的答案。”

他们没有取得更多的进展，于是将自己的注意力转移到了别处。

---

* 参见《杨振宁文选》(*Selected Papers, 1945—1980: With Commentary*)，弗里曼出版社，纽约，1983年。

第三章

# 人们对它的反应会很迟钝

盖尔曼(Murray Gell-Mann)发现了奇异性(strangeness)和“八重法”(Eightfold Way),格拉肖将杨-米尔斯场论用于弱核力,而人们对此却反应迟钝。

杨振宁和米尔斯努力把量子场论应用到强相互作用的问题,希望再现QED的成功。但是他们发现,该理论不能被重正化,而且导致了无质量的粒子。这些粒子原本应该是有质量的。很显然,这不可能是强作用力的解决方案。

但弱核力的情况又如何呢?

弱作用力有点让人捉摸不透。20世纪30年代初期,意大利物理学家费米不得不在一个详尽的关于β放射性的理论中提出一种新型的核力。时值1933年的圣诞节,他在意大利境内的阿尔卑斯山参加集体滑雪度假期间,向他的同事讲述了自己的理论。他的同事塞格雷(Emilio Segrè)后来描述了当时的经历:“……我们都坐在旅馆房间的一张床上,我在冰雪中摔了几跤,身上有些瘀伤,所

图3.1　费米(1901—1954)

以几乎无法保持那种姿势不动。费米对自己所取得的成果的重要性了然于胸，他说他认为自己将因为这篇论文而被世人记住，这是他迄今为止所做的最好的工作。”

费米对弱作用力和电磁力进行了类比。从所得到的形如电磁学的理论，他能够推算出β衰变所放射出来的电子的能量（亦即速度）范围。1949年，美籍华裔物理学家吴健雄在哥伦比亚大学做了相关的实验，证明了费米的预言是对的。只要稍微做些调整或修正，费米的理论至今依然有效。

费米得到的结果是：带电粒子之间的电磁相互作用强度比β放射性所涉及的粒子之间的相互作用强度大约要强1万倍*。这种力的确很微弱，但是它却能导致一些意义深远的后果。由于弱作用力的存在，中子与生俱来就不稳定。平均而言，一个在自由空间中运动的中子只能完整无缺地存活18分钟。这对于一个所谓的基本粒子来说，是很不寻常的行为**。

当然，只是为了解释单一类型的相互作用而不得不求助于一种新奇的自然力，这样做多少有点过分了。但是当实验物理学家开始在高能碰撞所产生的碎片中筛选那些刚刚现身的、杂乱无章的新粒子时，存在其他种类的粒子的证据开始出现，这些粒子对弱作用力很敏感。

在20世纪30年代，如果你想要研究高能粒子碰撞，那么你需要爬到山上去。宇宙线，即来自外太空的高能粒子流，不间断地冲击着高层大气。在组成这些射线的粒子中，有一部分粒子的能量特别高，它们可

---

* 原文称电磁力比弱核力强100亿倍，这是不正确的。——译者

** 想要寻找弱相互作用的更深远意义的人，应该看看标准太阳模型，即描述太阳运作方式的当代理论。在太阳中心，质子（氢原子核）聚变形成氦核的过程涉及两个质子通过弱作用力转变成两个中子，相伴而生的是两个正电子和两个中微子。

以深入到大气的下层。这一高度是可以从山顶上够得到的，因此可以研究这些高能射线与底层大气粒子的碰撞。此类研究依赖于对相关粒子的随机探测，由于它们的随机性，从来不曾出现过两个事例处于相同状态的情形。

美国物理学家卡尔·安德森(Carl Anderson)在1932年发现了狄拉克所预言的正电子。四年以后，他和他的美国同胞内德迈耶(Seth Neddermeyer)把他们的粒子探测仪器装上平板卡车，拉到了落基山脉派克斯峰的峰顶，该山峰位于科罗拉多斯普林斯市以西大约16千米处*。在有穿透力的宇宙线所留下的轨迹中，物理学家发现了另一种新粒子。这种粒子的行为就像电子一样，可是人们发现它们被磁场偏转的程度要小得多。

图3.2　卡尔·安德森(1905—1991)

在磁场中，这种新粒子要比电子弯曲得更迟缓一些，而比速度相近的质子弯曲得更剧烈一些(朝相反的方向)。人们除了断定这是一种新型的“重”电子之外，别无选择。这种粒子的质量大约是普通电子质量的200倍。它们不可能是质子，因为质子的质量大约是电子质量的2000倍**。

---

* 事实上，他们的卡车未能一路畅通无阻地到达终点，而是中途出了故障，所以他们的车不得不被别的车拖着走完了剩下的路。科学家做这些实验的资金预算是极其有限的，但他们有幸遇到了通用汽车公司的副总裁，当时他正在山上测试一种新型的雪佛兰卡车。他友好地安排手下人帮忙把科学家的卡车拖到了山顶，并替他们支付了更换发动机的费用。

** 其实质子和电子的静止质量(即这些粒子在速度为零的情况下所拥有的质量)之比等于1836。

人们最初把这种新粒子称作“重电子”(mesotron),后来简称为“介子”(meson)*。这是一个不受欢迎的发现。电子的“重型”版?这不符合任何理论或者任何关于自然界的基本组分应该怎样条理化的预想。

出生于西班牙加利西亚的美国物理学家拉比对此颇为愤慨,他想要知道:“那是谁安排的?”1955年,获得了诺贝尔奖的兰姆在他的获奖演说中回应了拉比等人的这种挫败感。当时他说:“……一个新基本粒子的发现者过去常常被授予诺贝尔奖,但是现如今,这样的发现应该被罚款10 000美元。”

1947年,另一种新粒子被英国布里斯托尔大学的物理学家鲍威尔(Cecil Powell)和他的团队发现了。他们的观测站设在法国境内比利牛斯山脉日中峰上。他们发现新粒子的质量比上文提到的“介子”的质量稍微大一些,是电子质量的273倍。它分为带正电和带负电两种类型,后来发现它还具有电中性的类型。

物理学家此时在粒子的名称上遇到了麻烦。他们把前面所谓的“介子”重新命名为μ介子(mu-meson),后来又缩写为μ子(muon)**。新粒子被称作π介子(pion)。随着针对产生于宇宙线的粒子的探测技术变得越来越成熟,一时间发现新粒子之门洞开。在发现π介子之后不久,带正负电荷的K介子(kaon)以及电中性的Λ粒子也被发现了。于是乎新的名称层出不穷。费米在回应一位青年物理学家的问题时说道:“年轻人,假如我能记住这些粒子的名称,那么我早就成为植物学家了。”

K介子和Λ粒子的行为相当古怪。这些粒子得以大量地产生,是

---

* 此“介子”后来更名为μ子,属于轻子系列,与我们通常所说的介子其实风马牛不相及。——译者

** 这是一个混乱不堪的时期。一切在稍后不久就变得显而易见了,μ介子其实不属于后来被统一地称为“介子”的粒子种类。

强相互作用的信号。它们通常是成对产生的，在云室或气泡室中形成典型的V字形轨迹*，然后在衰变之前穿过探测器。它们的衰变要比产生花更多的时间，这暗示着：虽然它们是通过强作用力产生出来的，但它们的衰变模式是由一种更微弱的力来支配的，后者其实与支配放射性β衰变的力是相同的。

同位旋对于解释K介子和Λ粒子的古怪行为没有帮助。似乎这些新粒子拥有某种额外的、迄今尚不为人知的性质。

美国物理学家盖尔曼对此深感困惑。他意识到，如果假设同位旋由于某种原因而"平移"一个单位，那么他就可以利用同位旋来解释这些新粒子的行为。这一假设在物理上毫无意义，因此他提出了一个他后来称之为"奇异性"的新性质来说明"平移"的理由**。他随后引用培根(Francis Bacon)的格言使"奇异性"一词成为不朽的物理学术语："大成之美，美就美在妙不可言。"(There is no excellent beauty that hath not some strangeness in the proportion.)

盖尔曼指出，无论如何，奇异性像同位旋一样，在强相互作用中是守恒的。在一个包含"普通"(即非奇异的)粒子的强相互作用过程中，一个奇异数为+1的奇异粒子的产生必须伴随另一个奇异数为-1的奇异粒子的产生，使得总的奇异数守恒。这就是为什么奇异粒子倾向于成对产生的原因。

图3.3 盖尔曼(1929—2019)

奇异数守恒也解释了为什么奇异粒

* 关于云室和气泡室的工作原理，请参考本书第六章的有关介绍。——译者

** 日本物理学家西岛和彦(Kazuhiko Nishijima)与中野忠雄(Tadao Nakano)差不多在同一时间提出了几乎相同的想法，他们把奇异性称为"η荷"(η-charge)。

子要过那么久才衰变。每个奇异粒子一旦已经形成，它就不可能再通过强相互作用变回到普通粒子，因为这要求奇异数的改变（从+1或－1到0）；否则的话，可以预期这种转变会很快地发生。因此奇异粒子会等待很久，最终通过不遵从奇异数守恒的弱作用力发生衰变。

没有人知道这是为什么。

在他那篇具有里程碑意义的关于β放射性的论文中，费米对弱作用力和电磁力作了类比。他以电子的质量为准绳，估算了该相互作用力的相对强度。1941年，施温格颇感好奇的是：如果假设弱作用力是由一种特大号的粒子传递的，那将会导致什么后果。他估计，倘若这种场粒子的质量真能达到质子质量的好几百倍，那么弱作用力和电磁相互作用力的强度其实就可能是相同的。这是第一次有人发出暗示：弱作用力和电磁力或许有可能**统一**成单一的“电弱”（electro-weak）相互作用。

杨振宁和米尔斯发现，考虑到中子和质子在原子核中能以各种不同的方式相互作用，他们需要三种不同的力粒子。1957年，施温格针对弱相互作用得到了几乎完全一样的结论。他发表了一篇论文，在文中他推测弱作用力是由三种场粒子传递的。这些粒子中的两种，即$W^+$和$W^-$（现代的记号），是解释弱相互作用中电荷的传输所必需的。第三种粒子是电中性的，人们需要用它来解释那些不涉及电荷传递的弱作用过程。施温格相信，这第三种粒子就是光子。

依照施温格的方案，β放射性之所以发生，其原理如下。中子发生衰变，释放出有质量的$W^-$粒子，然后转变成质子。寿命很短的$W^-$粒子继而衰变成高速电子（即β粒子）和反中微子（见图3.4）。

施温格要求他在哈佛大学的一个研究生来研究这个问题。

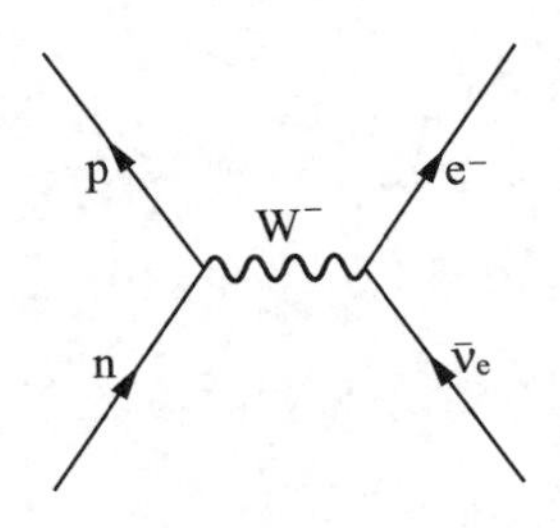


图3.4　原子核β衰变的机制现在可以通过中子(n)衰变成质子(p)并释放出虚$W^-$粒子来解释。$W^-$粒子继而衰变成电子($e^-$)和反中微子($\bar{\nu}_e$)

格拉肖出生于美国,是俄国犹太移民的儿子。1950年,他和他的同班同学温伯格一同毕业于纽约市布朗克斯理科中学。他和温伯格一同考入康奈尔大学,在1954年获得了学士学位。随后他进入哈佛大学,成为施温格的研究生。

施温格所假设的W粒子很重,必须携带电荷。格拉肖立刻就意识到,这一简单事实意味着实际上不可能把关于弱作用力的理论与关于电磁学的理论分离开来。"我们想要指出的是,"他在自己的博士论文的附录中写道,"只有把这些相互作用放在一起来处理,才有可能得到一个完全可以接受的理论……"

格拉肖此刻触及的SU(2)型量子场论与杨振宁和米尔斯所提出的量子场论是相同的。他无条件地相信施温格的判断,即两个很重的W粒子和光子是传递弱作用力的三个场粒子。他一度相信自己已经成功地得到了一个关于弱作用力和电磁力的统一理论。此外,他还相信自己的理论是可重正化的。

但事实上,格拉肖犯了一系列错误。当这些错误显现出来以后,他意识到自己的理论对光子要求得太多了。他的解决之道是扩展对称性,把杨-米尔斯SU(2)规范场和电磁学的U(1)规范场以乘积SU(2)×U(1)的方式结合在一起。这一处理主要象征了弱作用力和电磁力的"混合",而不是一种完全统一的电弱作用力。但它也有优点,可以为光子卸下肩上的重担,使之不需要再为弱相互作用的方方面面负责任了。

格拉肖的理论仍然要求弱作用力存在一个电中性的传递者。他现在拥有三种携带质量的、传递弱作用力的粒子,等价于杨振宁和米尔斯最初引进的B粒子的三重态。它们是$W^+$粒子、$W^-$粒子和$Z^0$

粒子*。

1960年3月，格拉肖来到巴黎讲学。他在这里遇到了盖尔曼，当时盖尔曼离开加州理工学院，带薪休假，正在法兰西学院以访问教授的身份工作。格拉肖在吃午餐时向盖尔曼描述了自己的SU(2) × U(1)理论，盖尔曼鼓励了格拉肖。“你所做的工作是不错的，”盖尔曼告诉他，“但是人们对它的反应会很迟钝。”

不论迟钝与否，格拉肖的理论在很大程度上并没有打动物理学界。正如杨振宁和米尔斯已经发现的那样，SU(2) × U(1)型的场论预言了弱作用力的传递者应该像光子一样没有质量。如果人为地把质量引入场方程，那将会确保该理论依旧是不可重正化的。格拉肖像他之前的杨振宁和米尔斯一样，无法解决应该怎样使场粒子获得质量的问题。

该理论还有更多的麻烦。基本粒子的相互作用涉及一个或多个粒子同时衰变或参与反应，以产生新的粒子。当这样的相互作用包含带电的介质粒子时，它们的反应被称作带电“流”(current)，因为此类反应涉及电荷从初态粒子到末态粒子的“流动”。人们期望弱作用力的电中性传递者$Z^0$将会在实验中出现，它将会现身于一类与电荷改变无关的相互作用中，后者叫作“中性流”(neutral current)。当时奇异粒子的衰变已成为粒子物理学家获取弱相互作用实验数据的主要场所，但在此类衰变中没有发现任何有关这种中性流相互作用的证据。

格拉肖在自己的演讲中挥舞着双臂，他辩称$Z^0$只是比带电的W粒子重一些而已，使得与$Z^0$有关的相互作用超出了当时实验力所能及的范围。可是实验物理学家对他的话无动于衷。

1929年，盖尔曼出生于纽约。作为一个少年天才，他在年仅15岁

* 类比于杨振宁和米尔斯的理论，格拉肖最初把这个中性粒子称作B，但它如今一般被称为$Z^0$粒子。

的时候就进入耶鲁大学,攻读学士学位。1951年,年仅21岁的他在麻省理工学院获得了博士学位。他在普林斯顿高等研究院工作了不长时间,就先后转至伊利诺伊大学厄班纳–香槟分校和纽约州的哥伦比亚大学。之后他去了芝加哥大学,与费米一起工作,并苦苦思索奇异粒子的性质。

1955年,盖尔曼获得了加州理工学院的教授职位,与费曼一道致力于弱核力理论的研究。他也开始把自己的注意力转移到对当时已经发现的、杂乱无章的基本粒子"大杂烩"(zoo)进行分类的问题上。在大杂烩中分辨出小块的组合模式是有可能的,比如针对那些明显属于同一种类的粒子。但是各个组合模式却搭配不到一起,无法形成连贯一致的物理绘景。

粒子物理学家至此已经引进了一种分类法,至少给予大杂烩以某种程度上的秩序感。他们把基本粒子分为两个主要种类,一类是**强子**(hadron,来自希腊语*hadros*,意思是厚的或重的),另一类是**轻子**(lepton,来自希腊语*leptos*,意思是小的)。

强子类包括一个**重子**(baryon,来自希腊语*barys*,意思是重的)子类,其中都是些较重的、对强核力有切身感受的粒子,包括质子(p)、中子(n)、$\Lambda^0$粒子,以及在20世纪50年代就已经发现的另外两个粒子系列——($\Sigma^+$、$\Sigma^0$、$\Sigma^-$)和($\Xi^0$、$\Xi^-$)。强子类还包括一个**介子**(meson,来自希腊语*mésos*,意思是中等的)子类。这些粒子也亲身参与强核力的作用,但是它们的质量不太大也不太小,比如π介子($\pi^+$、$\pi^0$、$\pi^-$)和K介子($K^+$、$K^0$、$K^-$)系列。

轻子类包括电子($e^-$)、μ子($\mu^-$)和中微子($\nu$)。这些属于比较轻的粒子,它们不参与强核力起作用的过程。重子和轻子都是**费米子**(fermion),是以费米的姓氏命名的。它们的典型特征是具有半整数的自旋。上面所列的重子和轻子的自旋都是1/2,因此可以有两种自旋取向,记为+1/2(上旋)和−1/2(下旋)。费米子服从泡利不相容原理。

位居强子和轻子分类之外的是电磁力的传递者光子。光子是**玻色子**(boson),是以印度物理学家玻色(Satyendra Nath Bose)的姓氏命名的。玻色子的典型特征是具有整数自旋量子数,因而不受泡利不相容原理的束缚。其他力的传递者,比如假想的$W^+$粒子、$W^-$粒子和$Z^0$粒子,预期都是具有整数自旋的玻色子。自旋为零的玻色子也是有可能存在的,但它们不属于力粒子。介子就是自旋为零的玻色子的实例。图3.5

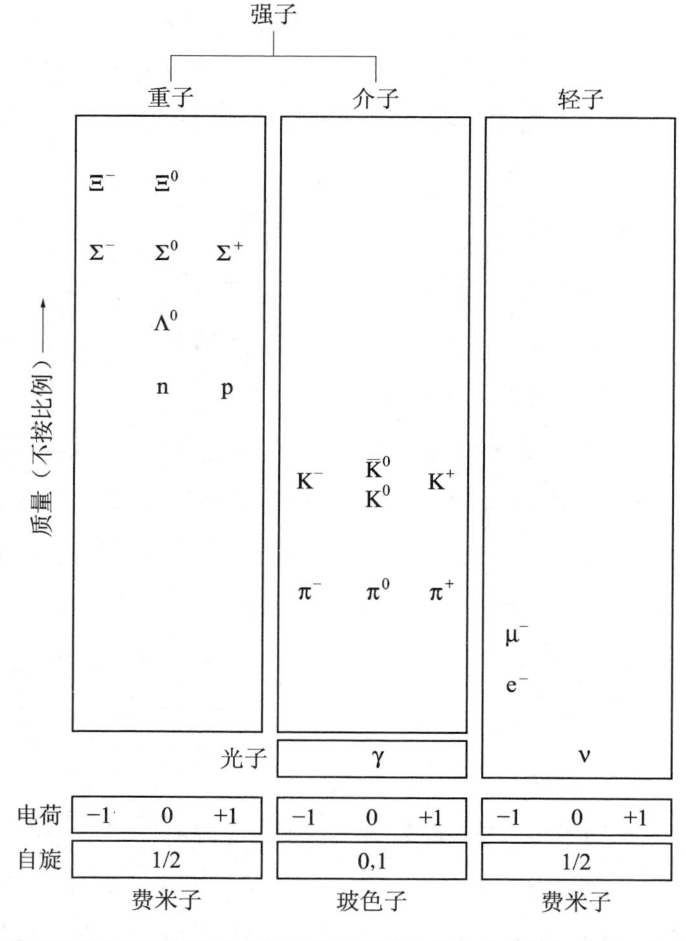


图3.5 粒子物理学家在1960年前后所采用的分类法有助于把当时已知的粒子分成不同的种类。它们是强子(重子和介子)和轻子。处在这一分类之外的是电磁学的力粒子——光子

总结了对1960年前后已知的粒子所做的分类。

显然，在这种混乱之中一定存在一种粒子分类模式，它相当于门捷列夫(Dmitri Mendeleev)的元素周期表。问题在于：这种模式是怎样的？它拥有一个基本的解释吗？

盖尔曼最初试图从一个由质子、中子和Λ粒子组成的"基本"粒子三重态入手，建立一个组合模式，并以它们为基本组分来构造所有其他强子。但局面是一团糟。为什么这些粒子应该被看成是比其他粒子更"基本"的粒子，这一点从来都没有真正搞清楚。盖尔曼意识到，他正在做的事情是想在正确的组合模式建立以前捕捉到问题的本质。这有点像推测出化学元素的基本组分，而无须首先鉴别出每种元素在周期表中的位置。

盖尔曼相信，整体对称群可以为这样的组合模式提供结构框架。这种用对称群将粒子进行组织分类的方式是可以揭示出它们之间的相互关系的模式。他在此阶段只是想寻找对粒子进行重新分类的方法，而不是寻求提出一个杨-米尔斯型的场论，后者需要引入的是定域对称性。

他知道，自己需要一个比U(1)或SU(2)更大的连续对称群，以便把当时已知粒子的范围和种类都包括进去。但是他不确定如何着手来做这件事。此时他正在巴黎的法兰西学院以访问教授的身份从事研究工作。也许并不奇怪，他和法兰西同事每顿午餐喝掉的大量法兰西好酒并没有马上帮助指明问题的解决之道。

因此，格拉肖于1960年3月对巴黎的访问唤起的不仅仅是盖尔曼对他的鼓励之言。格拉肖的SU(2)×U(1)理论激起了盖尔曼的好奇心。他开始懂得怎样才有可能把对称群扩大到更高维。在这样的启发下，他着手尝试越来越高维的群理论。他尝试了三维、四维、五维、六维和七维，企图找到一个并不对应于SU(2)和U(1)的乘积的群结构。"就在那时，我说‘够了！’喝了那么多酒之后，我没有力气去尝试八维的群了。”盖尔曼后来回忆道。

似乎葡萄酒也无助于交谈。那些午餐时与盖尔曼一起喝酒的同事都是数学家，他们几乎可以马上就解决他的问题。可是他从未和他们讨论过这个问题。

格拉肖决定，接受盖尔曼提供给他的工作机会，加入盖尔曼在加州理工学院的课题组。他从巴黎回到美国后不久，这两位物理学家就开始在一起寻找问题的解决之道。但是直到一次和加州理工学院数学家布洛克(Richard Block)的偶然讨论，盖尔曼才发现SU(3)李群可以提供他一直寻找的群结构。在巴黎那段时间，就在他本人即将发现这个群结构的时候，他却放弃了。

SU(3)群的最简单表示或所谓的“不可约”(irreducible)表示，是一个基本的三重态。其他理论学家其实尝试过构建一个基于SU(3)对称群的模型，并把质子、中子和Λ粒子作为基本表示。盖尔曼已经在这条路上走过，所以他无意重复自己以往的经历。他把基本的表示完全略过，将注意力专注于后续的问题。

SU(3)群的一个表示含有八个维度。在某一维中“转动”一个粒子，把它变换成另一维中的一个粒子，这就如同在SU(2)对称群中“转动”中子的同位旋而把它变成质子一样。如果盖尔曼能够以某种方法在每一维中放置一个粒子，那么他或许能够开始领悟它们之间潜在关系的特性。存在八个重子——质子、中子、Λ粒子、三个Σ粒子和两个Ξ粒子——这的确不是巧合吗？

人们可以用这些粒子的电荷、同位旋和奇异性来区分它们。将奇异数与电荷或同位旋做对比画在一张图上，就会出现一个六边形图案，其中每个顶点有一个粒子，两个粒子处在中心(见图3.6)。该组合模式要求把质子、中子和Λ粒子包括在分类表中，因此盖尔曼一定觉得自己

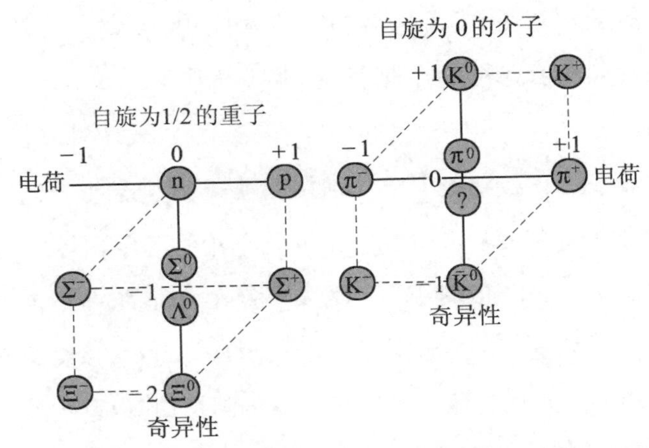


图3.6　强子分类的八重法。盖尔曼发现，他可以将包括中子(n)和质子(p)在内的重子以及介子纳入到SU(3)整体对称群的两个八重态的表示中。但在介子的表示中只有七个粒子。缺少一个相当于$\Lambda^0$的介子。该粒子在几个月之后被阿尔瓦雷斯(Luis Alvarez)和他的伯克利团队发现了。他们称之为η粒子

有充分的理由做出判定，认为它们不属于基本的表示。

当盖尔曼对介子做类似分析时，他发现需要把$K^0$的反粒子包括进去，但是依然缺少一个粒子。缺少的是相当于$\Lambda^0$的介子。他大胆地猜测，一定存在第八个介子，它具有零电荷和零奇异数。

基于整体SU(3)对称群的八维表示，盖尔曼发现了粒子的两个八重态组合模式，他称之为“八重法”。他在取这个名称时，半开玩笑地参考了佛陀教义中有关涅槃的八正道说法*。他在1960年的圣诞节期间完成了关于八重法的工作，并以加州理工学院预印本的方式在1961年年初发表了**。他为了使介子八重态完整化而预言的那个粒子，在几

---

* 这八正道是：正见(right views)、正思(right intention)、正语(right speech)、正业(right action)、正命(right living)、正勤(right effort)、正念(right mindfulness)和正定(right concentration)。

** 这篇预印本始终没有在专业期刊上发表。直到1962年，盖尔曼才在《物理评论》(*Physical Review*)上发表了有关重子和介子对称性及其分类的正式文章。相反，尼曼的预印本出来得比盖尔曼的稍晚一些，但1961年却正式发表在《核物理》(*Nuclear Physics*)上。——译者

个月之后被美国物理学家阿尔瓦雷斯和他的团队发现了。这些人来自加利福尼亚州的伯克利,他们把新粒子称作η粒子。

盖尔曼一直在独立地工作,但他并不是寻找强子组合模式的唯一一位理论学家。尼曼(Yuval Ne'eman)是理论物理学领域的后来居上者。当盖尔曼以15岁的幼小年龄考入耶鲁大学时,尼曼这个土生土长的特拉维夫人参加了犹太地下组织哈格纳(Haganah),该组织当时潜伏在巴勒斯坦的英属托管地。他在1948年的阿拉伯-以色列战争中指挥一个步兵营,并担任以色列情报部门的代理主管。

当他决定找机会攻读物理学博士学位的时候,他已经官至以色列国防军上校团长。时任国防军参谋长的达扬(Moshe Dayan)同意任命他为以色列驻伦敦大使馆的国防武官。达扬认为尼曼可以利用业余时间攻读博士学位。

尼曼起初打算在伦敦的国王学院学习相对论,但他很快就发现,市内交通的拥堵使他无法从大使馆的所在地肯辛顿及时赶到国王学院去听课和参加讨论会。于是他转到帝国理工学院,在巴基斯坦裔理论物理学家萨拉姆的指导下学习粒子物理学。

尼曼在晚上和周末用功。他开始寻找可能容纳已知粒子的对称群,并发现了五种候选者,其中包括SU(3)群——一种能够产生“大卫星”(Star of David)模式的对称群。他从一开始就为这种群所提供的具有特殊意义的可能性而兴奋不已,并最终选定SU(3)群作为研究对象。1961年7月,尼曼发表了自己的八重法版本的强子分类结果。

萨拉姆刚开始对尼曼的工作表示怀疑,但是当盖尔曼的论文寄到他办公桌上时,他很快就抛开了自己的保留意见。尽管尼曼的研究稍微领先一步,但是在发表预印本方面他被盖尔曼打败了(尽管尼曼的文章实际上是第一篇发表在物理学期刊上的SU(3)群分类文章)。不过他没有感到失望。相反，他对自己能与盖尔曼这么优秀的物理学家为伍而无比激动。

尼曼和盖尔曼都参加了1962年6月在日内瓦的欧洲核子研究中心(CERN)举办的一个粒子物理学会议。他们专心听取了当时已经发现的更多新粒子的报告，这些新粒子包括奇异数等于-1、后来被称作$\Sigma^*$粒子的三重态，以及奇异数等于-2的$\Xi^*$粒子的二重态。

尼曼马上就看出来了，这些粒子属于另一个SU(3)群的表示，它的维数等于10。他只在片刻之间就意识到这一表示所暗示的10个粒子，其中9个已经被发现了。为了使该模式完整化，还需要一个带负电荷、奇异数等于-3的粒子。

尼曼举起手想要发言，可是盖尔曼恰好也做出了相同的推断，而且坐得离礼堂的前排更近一些。因此是盖尔曼站起身来预言了这个粒子的存在，他将它称为Ω粒子。1964年1月，Ω粒子在实验中被发现了。

人们至此已经得到了强子的分类模式，但它背后的根本原因又是什么呢？

第四章

# 把正确的想法用于错误的问题

盖尔曼和茨威格(George Zweig)发明了夸克;而温伯格和萨拉姆利用希格斯机制(Higgs mechanism)终于使W粒子和Z粒子获得了质量!

日裔美国物理学家南部阳一郎十分忧虑。

南部早年在东京帝国大学攻读物理学,于1942年毕业。仁科芳雄(Yoshio Nishina)、朝永振一郎和汤川秀树等日本粒子物理学创始人的声誉将南部的兴趣吸引到粒子物理学上来。可是当时在东京没有伟大的粒子物理学家,于是他转向研究固体物理学。

南部1949年离开东京,担任了大阪市立大学教授。三年后,他受邀前往普林斯顿高等研究院从事研究工作。1954年,南部转到芝加哥大学,并在四年后担任教授。

1956年,他参加了一个学术研讨会,听取了施里弗(John Schrieffer)关于新超导理论的报告。这一理论是由施里弗以及约翰·巴丁(John Bardeen)和库珀(Leon Cooper)一同发展起来的。它是量子理论的一个精彩应用,可以解释为什么某些晶体材料在冷却到临界温度以下时会失去所有的电阻,变成超导体。

同性电荷相互排斥。不过,超导体中的电子会感受到微弱的相互**吸引**。所发生的事情是这样的:从晶格中的正离子近旁通过的自由电子对正离子施加了吸引力,把正离子拉得稍微偏离了原位,使得晶格发生形变。该电子继续前进,但是变形的晶格持续不断地来回振动。这种振动产生了稍微过量的正电荷,得以吸引第二个电子。

这种相互作用的结果是一对叫作“库珀对”(Cooper pair)的电子可以共同穿过晶格。它们的自旋和动量的方向相反,而它们的运动是由晶格振动做介质或促成的。记住,电子是费米子。正因为如此,泡利不相容原理禁止它们占据同一个量子态。相反,库珀对的行为如同玻色子,它们不受这样的限制。占据一个量子态的库珀对数量不限,因而它们在低温会发生“凝聚”——聚集在单一的量子态,能够逐渐增加到宏观尺寸*。处于这种状态的库珀对在通过晶格的时候感受不到任何阻力,其结果就是超导电性。

使南部担心的是,这种理论似乎并不遵守电磁场的规范不变性。换句话说,它似乎并不遵守电荷守恒定律。

南部对这个问题耿耿于怀,而他的固体物理学背景得以派上用场了。他意识到,超导电性的BCS理论就是一个**自发对称性破缺**(spontaneous symmetry-breaking)的例子,后者适用于电磁学的规范场。

对称性破缺的例子是很常见的。一支以笔尖为支点竖立并保持平衡的铅笔是完美对称的,可是它极不稳定。当它倾倒时,它是朝着一个特定的(不过很显然是任意的)方向倒下去,于是我们说对称性自发破缺了。同样地,一颗在墨西哥宽边帽的顶部取得平衡的弹子具有完美的对称性,但它也不稳定。弹子朝着一个特定的(不过很显然是任意的)方向滚落下来,并在浅帽檐中停止移动。事实上,背景环境的涨落(fluctuation)是造成铅笔倾倒和弹子滚落的原因。这些微小的涨落成了背景“噪声”(noise)的一部分。

---

* 激光就是这种凝聚的例子,它涉及的是光子的凝聚。

自发对称性破缺会影响一个系统的最低能量状态，即所谓的“真空”(vacuum)态。可以料到，超导体像任何物质一样具有一个真空态，其中所有的粒子都始终处于晶格结构的确定位置，而且电子保持不动。然而，晶格振动可能引起库珀对的协同运动，从而导致一个能量**更低**的真空态。在这种情况下，由于另一个以库珀对为量子的量子场的存在，电磁学的U(1)规范不变性发生了破缺。那些描述物质中电子的动力学的定律在定域U(1)规范对称性下保持不变，但是在真空态下会发生变化。

南部意识到，鉴于库珀对处于更低能量的状态，现在有必要输入能量把它们分开。以这种方式产生的自由电子将会拥有额外的能量，其数值等于把库珀对分开所需能量的一半。这一额外的能量将扮演质量的角色。他对这种可能性感到震惊，并在若干年后这样总结道：

> 如果某种超导材料占据了整个宇宙，而我们就生活在其中，那会发生什么事情？由于我们观测不到真正的真空，实际上这种介质的[最低能量]基态将成为真空。于是乎，甚至那些在真正的真空中没有质量的粒子也会在现实世界中获得质量。

南部的推理是：打破对称性，你就会因此获得粒子的质量。

1961年，南部和意大利物理学家约纳拉西尼奥(Giovanni Jona-Lasinio)发表了一篇论文，其中所描述的正是这样一种机制。为了使之生效，他们不得不援引背景量子场来产生“虚假”(false)真空。在上面的例子中，当铅笔与背景“噪声”相互作用(对称性破缺了)时，它就会倾倒。同样地，在量子场论中打破对称性也需要与之相互作用的背景。这意味着真空其实并非空无一物，它含有能量，后者以一种无孔不入的量子场的形式存在着。

在他们的模型中，这种虚假真空为强相互作用的理论提供了打破对称性所需要的背景,该理论含有假设的无质量的质子和中子。结果确实使质子和中子获得了质量。对称性一旦破缺,粒子的质量就被“启动”了。

可是这并非易事。出生于英国的物理学家戈德斯通也研究了对称性破缺的问题。他得出结论:对称性破缺的后果之一是又产生出一个无质量的粒子。

事实上,南部和约纳拉西尼奥在他们自己的模型中偶然发现了同样的问题。他们的模型不但给予质子和中子以质量,还预言了由核子和反核子所形成的无质量粒子。他们在自己的论文中竭力争辩道:“这些无质量粒子实际上可以获得很小的质量,因此可以被视为π介子。”

这些新的无质量粒子后来被称为**南部-戈德斯通玻色子**(Nambu-Goldstone boson)。戈德斯通本能地感觉到这些粒子的产生是一个适用于所有对称性的一般性结果,并于1961年将这一看法上升到了原理的高度。它就是众所周知的**戈德斯通定理**(Goldstone theorem)。

当然,这些南部-戈德斯通玻色子作为量子场论中的无质量粒子要忍受完全相同的非议。可以预期的是,理论所预言的任何新的无质量粒子都会像光子一样无处不在。不过,这些额外的粒子自然从来没有被观测到。

在杨-米尔斯场论中,自发对称性破缺为解决无质量粒子的问题提供了一个解决方案。然而,对称性破缺必然伴随着更多从来不曾见过的无质量粒子的产生。解决了一个问题,却又出现了另一个问题。要想取得任何进展,必须找到某种避开或突破戈德斯通定理的途径。

盖尔曼和尼曼都略过了整体SU(3)对称群的基本表示。他们发现,可以把质子和中子纳入下一个适用于重子的八维表示。其含义是相当明显的:包括质子和中子在内的重子八重态的八个成员一定是由三个更加基本的粒子所构成的复合体，而这三个基本粒子的存在还没有来自实验科学的任何证据。这一点或许是显而易见的，但它却是一个猜想，具有一些令人感到很不舒服的后果。

1963年，哥伦比亚大学的塞尔贝尔(Robert Serber)开始摆弄三个(尚不明确的)基本粒子来产生八重法中的两个八重态。在这个模型中，重子八重态的每个成员是由三个新粒子的组合构成的，而介子八重态是由基本粒子及其反粒子的组合构成的。那一年的3月，当盖尔曼来到哥伦比亚大学做系列讲座时，塞尔贝尔问他对该想法有什么看法。

他们之间的交谈发生在哥伦比亚大学教工俱乐部的午餐时分。

“我当时指出，你可以取三个零件来构成质子和中子，”塞尔贝尔解释道，“零件和反零件可以构成介子。所以我说，‘你为什么不如此这般地考虑问题呢？’”

盖尔曼对此不屑一顾。他问塞尔贝尔新的基本粒子三重态的电荷需要等于多少才合适，而这个问题塞尔贝尔还没有考虑过。

“这是一个疯狂的想法，”盖尔曼说，“我抓过一张餐巾纸，在它的背面做了必要的计算。结果表明，上述做法意味着三个新粒子必须具有分数电荷，诸如-1/3或+2/3，使得质子和中子的总电荷分别为+1和0。”

塞尔贝尔承认这是一个骇人听闻的结果。就在电子被发现的12年后，美国物理学家密立根(Robert Millikan)和弗莱彻(Harvey Fletcher)做了著名的“油滴”实验，测量了单个电子所携带的基本电荷单位。当用标准单位表示时，电子的电荷是一个复杂的数，拥有许多小数位*，但人们很快就认识到：所有带电粒子携带的电荷都是这一基本单位的整数倍。自从电荷的基本单位建立以来，54年已经过去了，物理学家从未

---

* 目前公认的电子电荷等于1.602 176 487(40) × $10^{-19}$库仑，括号中的数字代表最后两位小数的不确定性。

发现哪怕是最起码的迹象，表明有可能存在某些粒子，它们携带的电荷小于电荷的基本单位。

在他们随后的讨论中，盖尔曼把塞尔贝尔的新粒子称作“quork”。这是一个毫无意义的词汇，盖尔曼故意选用它来强调塞尔贝尔的建议的荒谬性。塞尔贝尔把它当作“怪癖”(quirk)一词的派生词，因为盖尔曼说过：“这样的粒子倘若存在，它们毫无疑问是大自然的一种怪癖。”

尽管拥有骇人听闻的后果，但上述推理方法是不可避免的。SU(3)对称群要求一个基本的表示，而已知的粒子可以纳入两个八重态组合模式的事实使人很容易联想到一个基本粒子的三重态。分数电荷是有问题的，但或许盖尔曼此刻的逻辑是：假如quork永远被限制或**禁闭**在更大尺寸的强子内部，那么这就有可能解释为什么人们从未在实验中看见具有分数电荷的粒子。

当盖尔曼的想法成形时，他恰巧读到了乔伊斯(James Joyce)的长篇小说《芬尼根的守灵夜》(*Finnegan's Wake*)中的一节，这给了他为这些荒唐的新粒子取名的根据：

> Three quarks for Muster Mark(冲马克王呱呱叫三声)!
>
> Sure he hasn't got much of a bark(显然一声狗吠对他还不够)。
>
> And sure any he has it's all besides the mark(显然他所有的一切都和盛名无关)。

“就是它！”盖尔曼宣称，“三个夸克(quark)形成一个中子和一个质子！”虽然夸克的发音和他最初的“quork”并不十分押韵，但足够接近了。“于是我就选择了‘夸克’作为新粒子的名字。这一切都不过是插科打诨。它是对矫揉造作的科学语言的一种反叛。”

1964年2月，盖尔曼发表了一篇两页纸的论文，阐明了这一想法。他把三种夸克记为u、d和s。虽然他在论文中并没有这么说，但这些记号分明代表了携带+2/3电荷的“上”(up,即u)夸克,携带−1/3电荷的“下”(down,即d)夸克,以及也携带−1/3电荷的“奇异”(strange,即s)夸克。重子是由这三种夸克的不同排列构成的,而介子是由夸克及其反夸克的组合构成的。

在该方案中,质子是由两个上夸克和一个下夸克组成的(uud),具有总电荷+1。中子是由一个上夸克和两个下夸克组成的(udd),具有总电荷0。当把该模型进一步完善时,就可以得知:在复合粒子中,同位旋与上夸克和下夸克有关。中子和质子拥有的同位旋可以通过上夸克的数目减去下夸克的数目再除以2来计算*。对于中子而言,这给出了同位旋1/2×(1−2),即−1/2。那么“转动”中子的同位旋就等价于将一个下夸克变成一个上夸克,从而给出质子的同位旋1/2×(2−1),即+1/2。同位旋守恒现在变成了夸克数守恒。在这种情况下,β放射性涉及的是中子中的一个下夸克转变成一个上夸克,于是将中子转化为质子,并伴随着一个$W^-$粒子的射出,如图4.1所示。

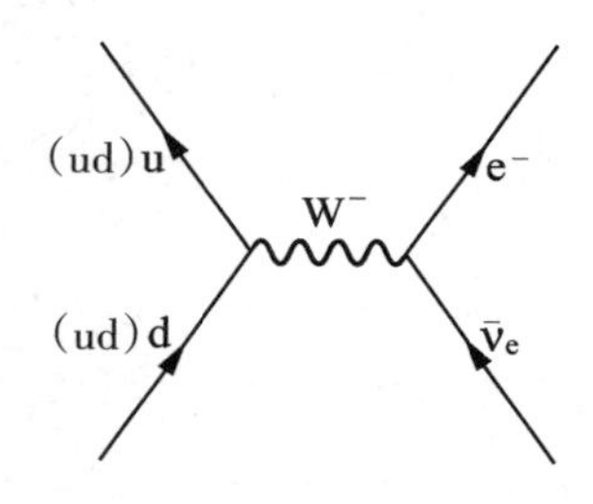


图4.1 原子核的β衰变机制现在被解释为中子内部的一个下夸克(d)经过弱衰变转化成一个上夸克(u),从而将中子转化成质子,并放射出一个虚$W^-$粒子

“奇异”粒子拥有奇异数,后者可以简单地通过减去现存奇异夸克的数目而给出**。现在很显然,电荷或同位旋相对于奇异数的图表可以直接展示出粒子的夸克内容,其中夸克的不同组合出现在图表的不同位置(见图4.2)。

盖尔曼又一次单兵作战,但他却不是唯一按图索骥、寻求问题的潜

* 严格的关系式要比这复杂一点。事实上,同位旋=1/2×(上夸克的数目−反上夸克的数目)−1/2×(下夸克的数目−反下夸克的数目)。

** 同样,严格的关系式要更复杂一点。奇异数=−(奇异夸克的数目−反奇异夸克的数目)。

在解释的理论学家。几年前从英国返回以色列的尼曼和以色列数学家戈德堡(Haim Goldberg)研究了一种非常理论化的基本三重态方案，但是他们从声称这些粒子可能是拥有分数电荷的“真实”粒子的立场上退缩了。

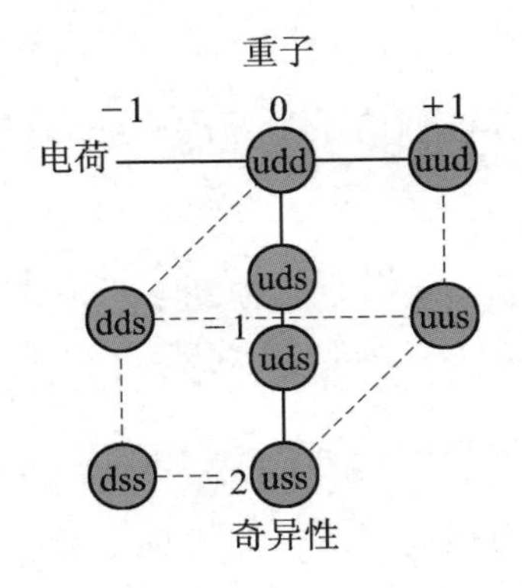


图4.2　可以利用上夸克、下夸克和奇异夸克的各种可能组合优美地解释强子分类的八重法，这里以重子八重态为例加以说明。$\Lambda^0$和$\Sigma^0$都是由上夸克、下夸克和奇异夸克组成的，但是它们的同位旋不同。$\Lambda^0$的同位旋等于0，而$\Sigma^0$的同位旋等于1。这一差别可归因于上夸克和下夸克波函数的所有可能组合。$\Lambda^0$具有反对称的(ud−du)组合方式，而$\Sigma^0$具有对称的(ud+du)组合方式

差不多就在盖尔曼的论文印刷出版之际，加州理工学院的毕业生茨威格基于粒子的基本三重态提出了一个完全等价的模型，他把相应的粒子称作“A纸牌”(ace)。他认为重子可以由A纸牌的“三点”(treys，即三重态)构成，而介子由A纸牌和反A纸牌的“两点”(deuces，即二重态)构成。当时茨威格正以博士后的身份在CERN工作。1964年1月，他将自己的想法以CERN预印本的形式发表出来。茨威格后来看到了盖尔曼的论文，于是他很快就对自己的模型做了详细阐述，写出了第二篇、长达80页的CERN预印本，并将它投到了声誉很高的期刊《物理评论》。

他的论文被同行评议人叫停，结果这篇论文从未得以正式发表*。

*另一种似乎更为可靠的说法如下：按照当时CERN的规定，在那里工作的物理学家必须把他们的成果优先发表在欧洲的专业期刊，而茨威格却执意要将他的论文投稿给美国的《物理评论》。在这件事上，茨威格受到了来自CERN高层的强大压力，初出茅庐的他一气之下放弃了发表那篇日后被证明无比重要的论文，错失了一次创造历史的机会。半个世纪过去了，茨威格当初那篇论文依旧只是CERN的预印本，而他本人也早已离开了粒子物理学界。——译者

盖尔曼早已是被广泛认可的物理学家，做出了许多著名的发现，在界内赢得了很好的声誉和口碑，所以他对夸克的判断“失误”是可以被原谅的。作为年轻的博士后，茨威格则没有处在这样一个幸运的位置上。不久之后他到一所一流大学求职时，该大学的一位教授（一位受人尊重的资深理论学家）断言A纸牌模型纯属骗子的工作。茨威格没有被聘用，于是他在1964年年底重新回到加州理工学院。盖尔曼后来竭力强调茨威格在发现夸克方面所起的作用，确保茨威格能够为此获得相应的声誉*。

夸克模型是一个漂亮的简化方案；但事实上，它充其量只不过是一个摆弄组合模式的结果。当时夸克模型根本没有任何实验基础。盖尔曼没有固执己见，他对新粒子是否存在持相当谨慎的态度。为了避免在粒子的实在性问题（原则上有可能永远都看不到夸克）上纠缠于哲学争论，他把夸克当作一种“数学上的”描述。有些人对此做了解读：盖尔曼认为夸克并不是由真实的“材料”构成的。这里“材料”指的是在现实中存在的实体，它们可以组合在一起，导致看得见和摸得着的效应。

茨威格要更勇敢一些（或者照你看来，更鲁莽一些）。他在自己的第二篇CERN预印本中声称：“也存在一线希望，即该模型是一个比我们所能想象的更接近大自然的近似，而且携带分数电荷的A纸牌充斥于我们的身体之中。”

固体物理学家菲利普·安德森不相信戈德斯通定理。从固体物理学的许多实例很容易看到，规范对称性自发破缺时，并不总是产生南部-戈德斯通玻色子。对称性每时每刻都在破缺，可结果是固体物理学家几乎不会被淹没在无质量的、形同光子的粒子洪水之中。比方说，超

---

* 茨威格的博士导师费曼甚至在1977年向诺贝尔奖评委会提名盖尔曼和茨威格，但最终夸克模型并没有获得诺贝尔奖。——译者

导体的内部就不存在无质量的粒子。事情有点不太对劲。

安德森在1963年指出，量子场的理论学家与之较劲的问题可能会以某种方式自行解决：

> 考虑与超导相类似的情形，那么前进的道路现在很可能是开放着的……无论是无质量的杨-米尔斯规范玻色子还是无质量的南部-戈德斯通玻色子，都不存在任何问题。这两类玻色子似乎能够"彼此相消"，只留下具有有限质量的玻色子。

问题真的会这么简单吗？这是一种错误加错误导致正确的情形吗？安德森的论文引发了小范围的争议。随着支持意见和反对意见充斥于科学报道之中，一些物理学家对此给予了特别关注。

紧接着一系列详细阐述自发对称性破缺的论文问世了，它们证明了各种无质量的玻色子确实"彼此相消"，只留下有质量的粒子。这些论文由三组物理学家独立地发表，他们是比利时物理学家布劳特和昂格勒，爱丁堡大学的英国物理学家希格斯，以及伦敦帝国学院的古拉尔尼克、哈根和基布尔*。该机制通常被称为希格斯机制[或者像有些人所称的布劳特-昂格勒-希格斯-哈根-古拉尔尼克-基布尔(BEHHGK)机制——简称"招手示意"(beck)机制，因为他们更在意该发现的"民主性"，即三个组彼此独立地做出了这一发现]**。

该机制以下面的方式起作用。一个无质量的、自旋等于1的场粒子(玻色子)以光速运动，并具有两个"自由度"，后者意味着它的波函数

---

* 这三篇论文都发表在1964年的《物理评论快报》(*Physical Review Letters*)同一卷(第13卷)上，页码分别为321—323页、508—509页和585—587页。

** 2012年9月，CERN的官方网站将"希格斯机制"正式更名为"布劳特-昂格勒-希格斯机制"(BEH mechanism)。布劳特已于2011年去世，因而昂格勒和希格斯成为诺贝尔奖的热门人选。——译者

振幅可以在垂直于它的传播方向的二维平面上振荡。比方说，如果该粒子在$z$方向运动，那么它的波函数振幅只能在$x$方向和$y$方向（左右和上下）振荡。对于光子而言，两个自由度与左旋圆偏振和右旋圆偏振有关。这些状态可以组合在一起形成人们更熟悉的线偏振：水平方向（$x$方向）的偏振和垂直方向（$y$方向）的偏振。光不存在第三个方向的偏振。

要想改变这种状态，有必要引入一个背景量子场（通常称作希格斯场），以便使对称性破缺*。希格斯场的特点表现在其**势能曲线**（potential energy curve）的形状上。

势能曲线的想法是相当简单明了的。画一个来回摆动的钟摆。当钟摆在摆动的过程中上升时，它会慢下来，直到停止运动，然后再朝相反的方向摆动回来。在钟摆达到的最高点处，所有的运动能量（即动能）都转化为势能储存在钟摆中。当钟摆摆动回来时，势能被释放出来，转化成动能，使钟摆获得了运动速度。在它摆动的最低点，钟摆的摆身竖直向下，此时动能达到了最大值，而势能为零。

如果我们以钟摆偏离其垂线的角度为变量画出势能的数值，我们就会得到一条抛物线，见图4.3(a)。很显然，该势能曲线的最小值就处在钟摆的位移角等于零的地方。

希格斯场的势能曲线有些细微的不同之处。我们取希格斯场自身的位移或数值画出它的势能曲线，而不是以位移角为变量。在曲线的底部有一个小的隆起，很像墨西哥宽边帽的顶部或者香槟酒瓶底部的凹凸。这一隆起的存在迫使对称性发生破缺。当希格斯场逐渐冷却，其势能逐渐失去时，就像倾倒的铅笔一样，它随机地落入曲线的谷底

---

* 不同于我们迄今为止在本书中所遇到的其他量子场，希格斯场是“标量”场——它在时空的每一处都有大小，但是没有方向。换句话说，它在任何特定的方向上既不“拉扯”（pull）也不“推搡”（push）。

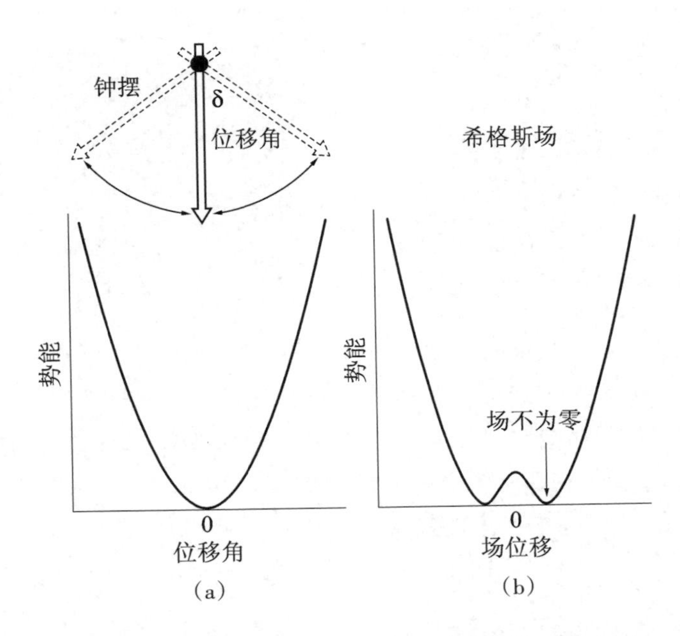


图4.3　(a)在一个简单的无摩擦钟摆的情形中,势能曲线的形状如同一条抛物线,势能的零点对应钟摆的位移角等于零度。然而,希格斯场的势能曲线(b)具有不同的形状。此时势能的零点对应(希格斯场自身的)一个有限位移,物理学家称之为非零真空期望值

(该曲线实际上是三维的)。但这时曲线的最低点对应着希格斯场的一个非零值,物理学家称之为非零真空期望值(vacuum expectation value)。它代表一个"虚假的"真空,意思是说真空并非空无一物,而是含有希格斯场的非零值。

对称性破缺会产生一个无质量的南部-戈德斯通玻色子。这个粒子现在可以被无质量的、自旋等于1的场玻色子"吸收",使之成为后者的第三个自由度(向前/向后)。此时场粒子的波函数振幅可以在空间的所有三个维度上振动,其中包括它的传播方向。该粒子获得了"深度"(depth)(见图4.4)。

在希格斯机制中,获得三个维度的行为如同使用了制动器。粒子在某种程度上慢下来,而慢下来的程度依赖于它与希格斯场的相互作

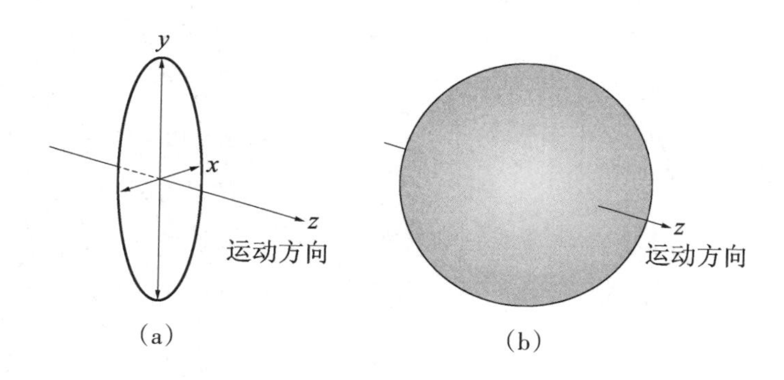


图4.4 (a)无质量的玻色子以光速运动,而且只有两个横向自由度:左/右($x$)和上/下($y$)。当与希格斯场发生相互作用时,该粒子可以吸收一个无质量的南部-戈德斯通玻色子,从而获得第三个自由度:前/后($z$)。因此,该粒子获得了“深度”而慢下来。这种对加速度的阻力就是该粒子的质量

用强度。

光子不和希格斯场发生相互作用,因此它继续不受阻碍地以光速运动。它依旧没有质量。与希格斯场发生相互作用的粒子获得了深度,得到了能量,慢了下来,场像糖浆一样抱住了粒子。粒子与场的相互作用表现为对粒子加速度的一种阻力*。

这话听上去有点熟悉吧?

一个物体的惯性质量是对它抵抗加速的度量。基于本能,我们把惯性质量与物体所拥有的物质的量等同起来。它含有越多的“材料”,它就越难以被加速。希格斯机制打破了这种逻辑。**我们现在把粒子的加速度受到希格斯场阻碍的程度理解为粒子的(惯性)质量**。

质量的概念在一番如此这般的逻辑中化为乌有。它被原本没有质量的粒子与希格斯场的相互作用所取代了。

希格斯机制并没有马上赢得人们的信任。希格斯本人在发表自己

---

* 注意:受阻的是加速运动。匀速运动的粒子不受希格斯场的影响,因此希格斯场与爱因斯坦的狭义相对论并不矛盾。

的论文时遇到了一些困难。他最初是在1964年8月把论文投到欧洲的《物理快报》(*Physics Letters*),但是它被编辑以不宜发表为由拒绝了*。数年之后,希格斯写道:

> 我对此感到愤愤不平。我相信我所证明的东西在粒子物理学中会有很重要的结果。1964年8月,我的同事斯奎尔斯(Euan Squires)正好在CERN工作。他后来告诉我,那里的理论学家没有理解我工作的真谛。回顾往事,这并不令人感到吃惊:1964年……量子场论已经不时髦了……

希格斯对自己的论文做了一些修改,然后重新投稿,把它投到了美国的《物理评论快报》。这篇论文被送到南部手里,请他做同行评议。南部要求希格斯评论一下他的论文与布劳特和昂格勒刚刚(1964年8月31日)在同一期刊发表的论文之间的关系。希格斯此前从未听说布劳特和昂格勒针对同一问题所做的工作,于是他在自己的论文中加了一则脚注,表示注意到了他们的论文。他还在正文中添加了最后一段,对"标量玻色子和矢量玻色子的不完全多重态"的可能性表示了关注,相当隐晦地提到了存在另

图4.5　希格斯(生于1929年)

* 英文原版声称这篇被拒绝的论文是在1964年7月被投到《物理快报》,此说法并不准确。事实上,希格斯在1964年7月27日投给《物理快报》的第一篇论文很顺利地被接受,并于当年9月15日发表。此处所指的论文其实是希格斯在1964年8月初完成的第二篇论文。值得注意的是,早在1964年6月26日,《物理评论快报》就收到了布劳特和昂格勒的论文。因此即便从希格斯的第一篇论文算起,它也比布劳特和昂格勒的论文晚出来一个月。——译者

一个有质量且自旋为零的玻色子的可能性，即存在希格斯场的量子粒子的可能性。

该粒子就是著名的希格斯玻色子。

或许令人感到惊讶的是，希格斯机制当时对那些可能后来受益最大的人几乎没造成什么直接的影响。

1929年，希格斯出生于英格兰泰恩河畔的纽卡斯尔。1950年，他毕业于伦敦国王学院物理学专业，并在四年后获得了博士学位。随后他分别在爱丁堡大学、伦敦大学和伦敦帝国学院从事为期不长的研究工作。1960年，他返回爱丁堡大学，接受了数学物理的讲师职位。1963年，他与同是核裁军运动积极分子的乔迪·威廉森（Jody Williamson）结婚。

1965年8月，希格斯携乔迪来到美国，利用学术休假在北卡罗来纳大学访问。几个月后，他们的长子克里斯托弗（Christopher）出生了。没过多久，希格斯收到了戴森的邀请，请他在普林斯顿高等研究院做一场有关希格斯机制的学术报告。希格斯担心自己的理论能否在俗称为这所高等研究院的“猎枪研讨会”（shotgun seminars）上被接受。可是当他在1966年3月做报告时，竟然安然无恙。泡利已经于1958年12月去世了，但推测一下希格斯的论点是否可以改变泡利对杨振宁的态度将是很有趣的。12年前，杨振宁曾在这里做过一场关于杨-米尔斯理论的报告，当时泡利质问他为什么场粒子没有质量，他无法正面回答这个问题*。

希格斯利用这次机会满足了哈佛大学一直以来请他去做报告的愿望，第二天就到了那里。听众同样对他的机制持怀疑态度。一位哈佛

---

*参见本书第二章。——译者

大学的理论学家后来承认，他们“一直期待着折磨一番这个自以为可以绕开戈德斯通定理的白痴”。

格拉肖也坐在听众席上，但是他此时似乎完全忘了自己早期为发展电弱统一理论所做的努力，该理论预言了无质量的$W^+$粒子、$W^-$粒子和$Z^0$粒子，它们需要以某种方式获得质量。“他的健忘症一直持续到1966年。”希格斯写道。为了对格拉肖的健忘做到“礼尚往来”，希格斯也把电弱统一理论抛在脑后，一心想把自己的机制应用于强作用力。

可是格拉肖没有将自己的模型和希格斯机制结合起来而做出合理的推论。倒是他以前的高中同班同学温伯格最终把两者联系在了一起。萨拉姆也独立完成了同样的工作。

1954年，从康奈尔大学获得学士学位以后，温伯格开始在哥本哈根的尼尔斯·玻尔研究所读研究生。1957年，他返回美国，在普林斯顿大学完成了自己的博士学位论文。在获得加州大学伯克利分校的教授职位之前，温伯格分别在纽约的哥伦比亚大学和加州的劳伦斯辐射实验室从事博士后研究工作。1966年，他利用休假的机会访问哈佛大学，成

图4.6　格拉肖(左)、萨拉姆(中)和温伯格

为该校的客座讲师，并在次年成为麻省理工学院的客座教授。

温伯格先前已经花了几年时间研究强相互作用的自发对称性破缺效应，所用的描述强相互作用的理论是一个SU(2)×SU(2)场论。正如南部和约纳-拉西尼奥在几年前所发现的那样，对称性破缺的结果是质子和中子获得了质量。温伯格相信，以这种方式产生的南部-戈德斯通玻色子可以近似成π介子。当时这一切都似乎是合情合理的。他非但不试图回避戈德斯通定理，此时反而乐于接受那些预期存在的额外粒子。

不过现在温伯格意识到这种途径不会奏效。此时他被另一个想法迷住了：

> 1967年秋季的某一天，我想当时我正开车前往麻省理工学院的办公室。我突然认识到，自己一直在把正确的想法用于错误的问题。

温伯格一直在把希格斯机制用于强作用力。他现在意识到，自己一直试图使之用于强相互作用的数学结构正好是解决弱相互作用力的问题以及这些相互作用暗含的有质量玻色子的问题所需要的。“天啊，”他自言自语，“这就是弱相互作用问题的答案！”

温伯格心里很清楚：如果人为地加入$W^+$粒子、$W^-$粒子和$Z^0$粒子的质量，就像格拉肖的SU(2)×U(1)电弱场论所做的那样，那么导致的后果就是理论的不可重正化。他现在想知道的是，利用希格斯机制使对称性破缺是否可以赋予粒子以质量，消除不必要的南部-戈德斯通玻色子，并产生一个原则上能够重正化的理论。

弱中性流的问题依然存在，即与中性$Z^0$粒子有关的相互作用还没有得到任何实验数据的支持。他决定完全回避这个问题，把自己的理论局限于轻子(电子、μ子和中微子)。他此时对强子的态度十分谨慎。

强子属于受强作用力影响的粒子，尤其是奇异粒子，它们成为当时实验研究弱相互作用的主要场所。

温伯格的模型依旧会预言中性流的存在。但是在一个只包含轻子的模型中，这些中性流过程涉及的是中微子。中微子从一开始就被证明是极其难以在实验中发现的，因而温伯格也许认为，发现与这些粒子相关的弱作用力中性流将会面临难以超越的实验挑战，以至于他可以预言它们的存在而无须担心理论和实验之间会产生任何矛盾*。

1967年11月，温伯格发表了一篇详细描述轻子的电弱统一理论的论文。这是一个SU(2)×U(1)场论，通过自发对称性破缺约化为普通电磁学的U(1)对称性，并给出了$W^+$粒子、$W^-$粒子和$Z^0$粒子的质量，同时使光子依然处于无质量的状态。他估算了弱作用力玻色子的质量大小，W粒子的质量约为质子质量的85倍，而$Z^0$粒子的质量约为质子质量的96倍。他无法证明该理论是可重正化的，不过他相信这一点没有问题。

1964年，希格斯已经提到了存在希格斯玻色子的可能性，但是这与任何具体的力或理论没有关系。在他自己的电弱统一理论中，温伯格发现有必要引入含有四个分量的希格斯场，其中三个分量给予$W^+$粒子、$W^-$粒子和$Z^0$粒子以质量，第四个分量作为一个物理粒子（即希格斯玻色子）而出现。先前只是一种数学可能性的东西现在成为一个预言。温伯格甚至还估算了希格斯玻色子和电子之间的耦合强度。希格斯粒子朝向成为一个“真实的”粒子迈出了至关重要的一步。

在英国，基布尔已经向萨拉姆介绍了希格斯机制。萨拉姆先前曾经研究过SU(2)×U(1)电弱场论，因此他立即注意到了自发对称性破缺所可能导致的结果。当萨拉姆看到温伯格将这一理论用于轻子的论

* 温伯格本人在本书的序言中表示不同意作者的说法。他声明：他最初之所以在自己的模型中只考虑了轻子，是因为他那时根本就不相信夸克模型。——译者

文预印本时,他发现自己和温伯格各自独立地得到了完全相同的模型。他决定暂不发表自己的工作,直到他有机会以合适的方式将强子纳入到模型中来。可是,尽管他做了尝试,他始终无法找到解决弱中性流问题的办法。

温伯格和萨拉姆都相信该理论是可重正化的,但两个人都不能证明这一点。他们也无法预言希格斯玻色子的质量。

没有人很在意他们的论文。少数的确注意到他们的工作的人,都倾向于持批评的态度。质量问题已经通过某种似是而非的技巧解决了,该技巧与一种假想的场有关,后者暗示着另一种假想的玻色子。量子场的理论学家似乎正在继续与场和粒子做游戏,其游戏规则十分晦涩,没有几个人能够弄懂。

粒子物理学家对温伯格和萨拉姆的模型完全不予理睬,埋头继续做自己的科学研究。

第五章

# 我可以做这件事

特霍夫特证明了杨-米尔斯场论是可重正化的，而盖尔曼和弗里奇(Harald Fritzsch)基于夸克色量子数发展出强作用力的理论。

除了荒唐可笑的分数电荷之外，夸克模型还有一个大问题。作为像质子和中子这样的“物质粒子”的组分，夸克必须是拥有半整数自旋的费米子。根据泡利不相容原理，这就意味着：在每一个可能的量子态中，强子不可能容纳一个以上的夸克。

可是夸克模型强调质子是由两个上夸克和一个下夸克组成的。这有点像是在说，一条原子轨道上应该包含两个上旋的电子和一个下旋的电子，而这种情形是根本不可能的。电子波函数的对称性质不容许这种情形出现。只能存在两个电子，其中一个上旋，而另一个下旋。第三种可能性是不存在的。同样地，倘若夸克是费米子，那么质子中也不可能存在两个上夸克。

盖尔曼第一篇关于夸克的论文发表后不久，就有人意识到了这个问题。物理学家格林伯格(Oscar Greenberg)在1964年指出，夸克其实可能是**仲费米子**(parafermion)。这等于说，夸克除了具有上、下和奇异量子数以外，它们还有其他“自由度”可以彼此区分。因此，打个比方，或许存在不同种类的上夸克。只要两个上夸克属于不同的种类，它们就可以在质子中彼此相依、和睦共处,而不会占据同一个量子态。

但是这个模型也有问题。格林伯格的解决方案打开了一扇门,使得重子的行为如同玻色子,可以凝聚成单一的宏观量子态,就像激光束那样。这一点实在不能令人接受。

南部阳一郎摆弄了一套类似的方案,暗示着有可能存在两三种不同类型的上夸克、下夸克和奇异夸克。1965年,一位来自纽约锡拉丘兹大学的年轻研究生写信给南部,详细地描述了这一想法。他就是出生于韩国的韩武荣(Moo-Young Han)。韩武荣和南部一起合写了一篇论文,并在同一年的晚些时候发表出来。

然而,这并非盖尔曼夸克模型的简单推广。韩武荣和南部引进了一种新型的、不同于电荷的“夸克荷”(quark charge)。在这种情况下,质子中的两个上夸克可以由它们不同的“夸克荷”来区分,从而避免了与泡利不相容原理的冲突。他们推断,把夸克聚拢在比它们大一些的核子内部的力是以定域SU(3)对称性为基础的。请不要把该对称性与隐藏在八重法背后的整体SU(3)对称性混为一谈。

他们还决定以此为契机剔除掉夸克理论中的分数电荷,改为在引进“夸克荷”的同时也引进重叠的SU(3)三重态,后者具有+1,0和-1电荷。

没有人对他们的理论特别在意。韩武荣和南部已经朝着最终的解决方案迈出了一大步,但是整个物理学界还没有准备好去迎接即将到来的突破。

1970年,在两位哈佛博士后副手的协助下,格拉肖总算重新开始研究他的电弱SU(2)×U(1)场论中存在的问题。这两位博士后分别是希腊物理学家伊利奥普洛斯(John Iliopoulos)和意大利物理学家马亚尼(Luciano Maiani)。格拉肖是在CERN第一次遇到伊利奥普洛斯的。伊利奥普洛斯想方设法要对弱作用力的场论做重正化，这一点给格拉肖留下了深刻印象。马亚尼则是带着一些关于弱相互作用强度的新奇想法来到哈佛的。三个人都认识到，他们的研究兴趣可以集中到同一点。

暂时还没有人知道温伯格发表于1967年的那篇论文。在这篇论文中，温伯格将自发对称性破缺和希格斯机制用到了轻子的电弱理论。

此时格拉肖、伊利奥普洛斯和马亚尼再一次与电弱统一理论较上了劲。如果手工为$W^+$粒子、$W^-$粒子和$Z^0$粒子加上质量，就会在有关方程式中产生难以驾驭的发散项，致使该理论不可重正化，那么就会有弱中性流的问题。比方说，该理论预言中性K介子应该通过放射一个$Z^0$玻色子而衰变，在此过程中改变粒子的奇异性，并产生两个μ子——一个弱中性流。可是，完全不存在这种衰变模式的任何实验证据。与其全然放弃$Z^0$粒子，倒不如找出这种特定的衰变模式被压低的原因。这几位物理学家当时就试图这么做。

μ子型中微子已经在1962年被发现了，这等于说在电子、电子型中微子和μ子的旁边添加了第四个轻子。物理学家开始拿包含四种轻子和三种夸克的模型做试验，最初还添加了更多的轻子。不过格拉肖实际上在1964年发表过一篇论文，猜测可能存在第四种夸克，他称之为**粲夸克**（charm quark）。这一思路似乎更合情理。大自然一定会在轻子的数目和夸克的数目之间寻求一种平衡。含有四种轻子和四种夸克的模型具有更令人赏心悦目的对称性。

理论学家把第四种夸克加到组合中去。第四种夸克的电荷为+2/3，是上夸克的重型版本。他们意识到，通过引进新的夸克，可以让弱中性流从理论中消失。

弱中性流可能通过与$Z^0$有关的衰变而出现，也可以通过与$W^+$粒子和$W^-$粒子的放射有关的更复杂的衰变而出现。在这两种情况下，最终的结果是相同的：产生两个携带相反电荷的μ子，即$\mu^+$和$\mu^-$。后一种衰变途径如图5.1(a)所示。在该图中,中性K介子(由下夸克和反奇异夸克组成)放射一个虚$W^-$粒子,而电荷为-1/3的下夸克转化成电荷为+2/3的上夸克。虚$W^-$粒子衰变成μ子和μ子型反中微子。

那么我们可以认为,所产生的上夸克放射出一个虚$W^+$粒子,在此过程中转变成奇异夸克。$W^+$粒子衰变成带正电荷的μ子和μ子型中微子。最终结果就是中性K介子衰变成了$\mu^+$和$\mu^-$,而图5.1所描述的过程被称作对该衰变的“单圈贡献”(one-loop contribution)。

原则上没有任何理由能够解释为什么这种中性流的例子不应该被观测到。然而,中性K介子的标准衰变模式产生的是π介子,而不是μ子。由于某种原因,到μ子的衰变途径被压制了。格拉肖、伊利奥普洛斯和马亚尼意识到,一个与粲夸克有关的完全类似的衰变途径会达到这样的效果,如图5.1(b)所示。与这两种可能的衰变途径相关联的符

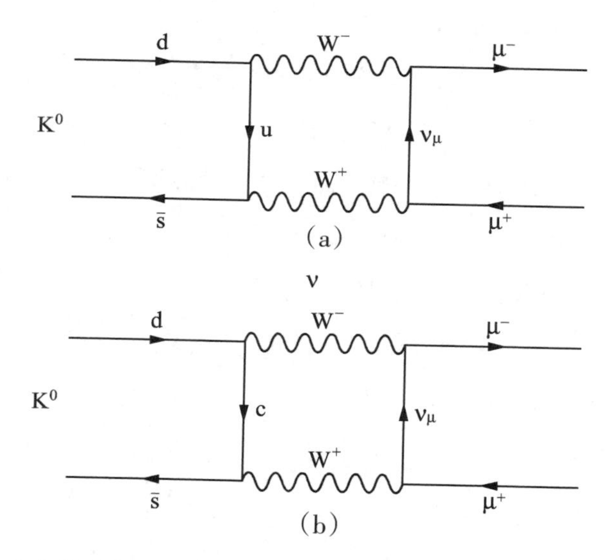


图5.1 (a)中性K介子通过与$W^+$粒子和$W^-$粒子的放射有关的复杂机制衰变成两个μ子。在该反应的前后没有出现电荷的净变化,因此这是弱中性流过程。(b)图(a)中所描述的衰变途径被这种涉及粲夸克(这里记做c)的备选衰变途径抵消掉了

号是相反的,这意味着它们的贡献实际上相互抵消了。如同被罩在汽车前灯灯光中的野兔,中性K介子无法决定该朝哪个方向跳,直到为时已晚。

这是一个绝妙的解决方案。K介子作为实验研究弱相互作用的主要场所,应该展示出弱中性流现象;但实际上这种现象几乎从未出现过,原因就在于涉及粲夸克的备选衰变模式起到了相消的作用。

这些物理学家因自己的发现而激动不已。他们挤进一辆汽车,横冲直撞地来到麻省理工学院和美国物理学家洛(Francis Low)的办公室。洛一直在研究中性流的问题。温伯格也加入这些人的讨论中来,他们一起讨论着这种新的格拉肖-伊利奥普洛斯-马亚尼(GIM)机制的优点。

随之而来的就是在沟通上惊人的失败。

对于聚集在洛的办公室里面的理论学家来说,他们的脑海中装满了关于弱作用力和电磁力的统一理论的几乎所有要素。温伯格已经领悟到如何借希格斯机制把自发对称性破缺用于轻子的SU(2)×U(1)场论中,使得相关的场粒子质量可以被计算出来而不是被手工放进去。格拉肖、伊利奥普洛斯和马亚尼发现了奇异粒子衰变中的弱中性流问题的一个潜在解决方案,因而为把SU(2)×U(1)理论推广到包括强子在内的弱相互作用带来了希望。但是他们仍旧在用手工的方式为场粒子输入质量,因此仍旧在和发散问题做斗争。

格拉肖、伊利奥普洛斯和马亚尼对温伯格那篇发表于1967年的论文一无所知,而温伯格对此只字未提。他后来承认自己面对早期的工作有一种"心理障碍",尤其是与证明电弱统一理论可以重正化的问题有关的工作。他也没有友好地看待有关粲夸克的提议。格拉肖、伊利奥普洛斯和马亚尼所提出来的不仅仅是一个新粒子,而是一个全新的"粲"重子('charmed' baryon)和粲介子(charmed meson)集合。粲夸克是扩充了的粒子家族的一分子,在粒子家族成员之间可能存在着尚不确定的关联性。如果粲夸克真的存在,那么八重法就只是一个含有许多粲强子成员的、更大的表示法的子集。

只是为了解释奇异粒子的衰变中**不存在**弱中性流而引入一种新夸克,这样做所付出的代价太大了。“当然,并非每个人都相信我们所预言的粲强子真的存在。”格拉肖如是说。

直到有人能够证明温伯格和萨拉姆的理论是可以被重正化的,电弱统一理论的进一步发展才成为可能。

荷兰理论学家韦尔特曼曾在乌特勒支大学攻读数学和物理学,1966年成为该校的教授。1968年,他开始致力于杨-米尔斯场论重正化问题的研究。

在荷兰,高能物理学并不是一个受欢迎的研究学科。这导致了该领域在某种意义上与世隔绝的状态。可这一点倒是符合了韦尔特曼的目的,因为这意味着他不必为自己选择了不时髦的研究课题而辩护。

1969年伊始,学校分配给韦尔特曼一个年轻学生,他就是特霍夫特。特霍夫特要在韦尔特曼的指导下完成自己的研修生论文(在荷兰语中俗称“scriptie”)。韦尔特曼羞于让自己的年轻学生致力于杨-米尔斯理论的研究,原因在于他断定这个题目的风险太大,不太可能使学生获得一份有报酬的工作。可是在成功地完成了自己的研修生论文以后,特霍夫特在大学获得了一个职位,使他得以攻读博士学位。他表示希望继续和

图5.2　韦尔特曼(生于1931年)

韦尔特曼在一起工作。

图5.3　特霍夫特(生于1946年)

韦尔特曼仍旧认为杨-米尔斯场论充满了风险。他已经在重正化方面取得了显著进展,但问题极其棘手。不过特霍夫特的强烈感觉是,这个问题会成为自己的博士论文主题。韦尔特曼最初建议了另一个选题,但是特霍夫特并没有转移自己的注意力。

他们两人是一种不太可能的配对组合。韦尔特曼身材魁梧,个性严肃,很为自己的学术成就而自豪。虽然物理学界对他的研究工作普遍缺乏兴趣,他却无动于衷。特霍夫特长得有些瘦小,相当不喜欢出风头,他的谦逊个性掩饰了他那非凡锐利的智慧。

在他那本出版于1997年的《寻找物质的终极组分》(*In Search of the Ultimate Building Blocks*)一书中,特霍夫特在谈到韦尔特曼时讲了一则奇闻轶事。有一天,韦尔特曼走进电梯,而电梯里面已经挤满了人。当有人按动电钮时,电梯报警器发出了超载的提醒。所有人的眼睛都转向韦尔特曼,他的腰围相当可观,而且是最后进入电梯的人之一。在这种时候,其他人也许会不好意思地表示道歉并退出电梯,但韦尔特曼却不会这么做。他懂得广义相对论的基础——爱因斯坦的等效性原理:如果一个人做自由落体运动,他将不会感受到自己的重量。他知道自己该做什么。

"当我说'好了'的时候,请按一下电钮!"他大声说道。

然后他一跃而起。"好了!"他忍不住大笑。

有人按动了电钮,于是电梯开始上升。等到韦尔特曼从空中回落到电梯的地板上时，电梯已经获得了足够的速度，得以继续它的旅程。当时特霍夫特就在电梯里面。

1970年至1971年的秋季或者冬季的某一天，韦尔特曼和特霍夫特在大学校园的楼群间散步。

“我不在乎做什么和怎么做，”韦尔特曼告诉他的学生，“但我们必须拥有的至少是一个可重正化的理论，这个理论要包含具有质量的带电矢量玻色子。至于它看起来是否像是自然的东西，暂时不需要考虑，[那些]都是细节问题，将来可以由某个模型狂来搞定。反正，所有可能的模型都已经发表出来了。”

“我可以做这件事。”特霍夫特平静地说。

韦尔特曼知道这个问题的难度有多大，也知道其他人——比如费曼——曾经尝试过，但都失败了。所以特霍夫特的表白让韦尔特曼十分震惊。他几乎撞到一棵树上。

“你说什么？”他问道。

“我可以做这件事。”特霍夫特又说了一遍。

韦尔特曼长久以来一直在研究这个问题，所以他根本无法相信它的解决之道会像特霍夫特所声称的那么简单。他的怀疑态度是可以理解的。

“那你把它写下来，我们看看结果再说。”他说。

不过，特霍夫特已经于1970年在科西嘉岛卡尔热斯举办的暑期学校学习了自发对称性破缺。1970年年底，他在自己的第一篇文章中证明了含有零质量粒子的杨-米尔斯场论是可以重正化的。特霍夫特确信，运用自发对称性破缺的机制，含有带质量粒子的杨-米尔斯理论也是可以重正化的。

他果然在很短的时间内就把自己的证明过程写了下来。

韦尔特曼感到不快的是特霍夫特采用了希格斯机制。他尤其对遍及整个宇宙的背景希格斯场感到担忧,它的存在应该会通过引力效应显现出来*。

他们为此吵来吵去。最后特霍夫特决定,把自己的理论计算结果交给自己的论文指导老师,不具体说明它们来自何处。韦尔特曼心知肚明,但是他仅仅满足于检查特霍夫特的计算结果的准确性。

韦尔特曼在几年前已经发展出一套新奇的方法,可以利用计算机程序做复杂的代数计算。他把这种程序称为"没有载货的船"(荷兰语"Schoonschip")**。它是早期的计算机代数系统之一,能够以符号的形式处理数学方程。此时他把特霍夫特的结果带到了日内瓦,在CERN的计算机上做检验。

韦尔特曼很兴奋,但仍旧持怀疑态度。他在设置自己的计算机程序时浏览了特霍夫特的结果,决定删去一些四倍的因子。这些因子出现在特霍夫特的方程式中,可能出自希格斯玻色子的贡献。他认为结果中含有四倍的因子是很愚蠢的。他设置好了程序,并在没有这些因子的情况下运行程序。

他很快就打电话给特霍夫特,宣称:"程序差不多行得通。你的计算结果中只是有一些二倍因子的错误。"

特霍夫特没有错。"接下来他意识到,甚至四倍的因子也是对的,"特霍夫特解释道,"而且所有的发散项都以一种漂亮的方式抵消了。当

---

* 背景希格斯场的存在可能会通过它对宇宙学常量(cosmological constant)的特别贡献而显现出来。宇宙学常量最初是被爱因斯坦作为一个"附加因素"(fudge factor)而引入自己的引力场方程中来的。在大爆炸宇宙学的ΛCDM模型中,宇宙学常量(Λ)支配着时空膨胀的速率,而CDM(cold dark matter)代表冷暗物质对宇宙能量密度的贡献。

** 这是荷兰海军的一种表达方式,意思是清理脏乱差的局面。韦尔特曼后来声称,他选择这个名称是为了让所有不懂荷兰语的人感到不快。

时他对结果感到很兴奋,就像我一直以来对结果感到很兴奋一样。”

特霍夫特相当独立地(而且纯属巧合地)再造了温伯格在1967年所发展出来的具有SU(2)×U(1)规范对称性破缺的场论,并在此时证明了它是如何得以被重正化的。特霍夫特曾经想把该场论用于强作用力。但是当韦尔特曼问一位CERN的同事是否知道SU(2)×U(1)理论的任何其他用途时,他被引向了温伯格的论文。韦尔特曼和特霍夫特现在意识到,他们已经得到了一个完全可重正化的、关于电弱相互作用的量子场论。

这是一个重大突破。“……对可重正性做了完整证明的心理效应是巨大的。”韦尔特曼几年之后写道。事实上,特霍夫特所做的事情是证明了杨-米尔斯规范理论一般而言是可重正化的。定域规范理论其实是仅有的一类可重正化的场论。

当时特霍夫特年仅25岁。格拉肖最初没有理解特霍夫特的证明。他就特霍夫特做了如此评价:“这家伙要么是一个彻头彻尾的白痴,要么是未来数年冲击并推进物理学发展的最大天才。”温伯格不相信特霍夫特的证明,可是当他看到一位理论学家同事对此十分当真的时候,他决定更仔细地了解一下特霍夫特的工作。结果让他很快就信服了*。

特霍夫特随后被聘任为乌特勒支大学的助理教授。

至此,**所有**要素都具备了。一个关于弱作用力和电磁力的可重正化的、自发对称性破缺的SU(2)×U(1)场论问世了。W玻色子和Z玻色子的质量“自然而然地”来自希格斯机制的运用。仍然存在一些反常,但是特霍夫特在自己的论文脚注中已经指出,这些问题不会致使理

---

* 特霍夫特的论文极其复杂难懂。据说是温伯格的韩裔美国朋友本杰明·W.李(Benjamin W. Lee)先看懂了特霍夫特的论文并向他做了详细的讲解,才使温伯格信服。李和他的合作者随即发表了一系列论文,以更通俗易懂的方式认证了特霍夫特的工作。——译者

论不可重正化。“当然，”他在数年后写道，“这一点应该被解释为如下的说法：通过在理论中加入适当数量的各种费米子（夸克），就可以恢复它的可重正性。不过我承认，我当时也认为或许根本就没必要这么做。”

余留下来的反常可以通过在模型中加入更多的夸克来消除掉。

对于一个关于强作用力的场论，现在人们还期待什么呢？

鉴于他的许多贡献，特别是发现奇异性和八重法，盖尔曼获得了1969年的诺贝尔物理学奖。诺贝尔物理学奖评委会成员沃勒（Ivar Waller）在他的正式演讲中列出了盖尔曼的学术成就。沃勒也提到了夸克，他解释说：“虽然人们一直在苦苦寻找夸克，但尚未发现它们。”他彬彬有礼地承认，夸克仍然具有巨大的“启发性”价值。

盖尔曼现在已经接受了作为诺贝尔奖得主而被赋予的名人身份和地位。他被参加会议和提交文章的请求淹没了，他总是觉得很困难的写作过程现在变得完全不可能了。他甚至错过了提交自己的诺贝尔奖演讲稿的截止日期，此类稿件一般发表在瑞典科学院的《诺贝尔奖》（*Le Prix Nobel*）刊物上*。这只是他所错过的许多截止日期中的一个而已。

1970年夏天，他和家人隐居到科罗拉多的阿斯彭山区。不过这是一次退避承诺和义务的隐居，而不是放弃物理学。他们一家人和其他物理学家的家人以阿斯彭物理中心为基地度假。

该中心是为那些试图从各种分心的事务中得到解脱并获取自由的诺贝尔奖得主量身打造的。它是在1962年由阿斯彭人文学科研究所与两位物理学家接洽后建立的。他们的想法是创建一个机构，提供一个安宁、放松、松散的环境，物理学家可以在这里逃避他们日常学术工

---

* 诺贝尔奖网站坦率地声明：“盖尔曼教授已经于1969年12月11日做了获奖演讲，但是没有提交演讲稿，致使后者无法包含在本卷中。”

作中的行政责任,彼此之间只是讨论物理学。研究所拨出它所拥有的阿斯彭牧场园区的一部分给了物理中心,使它处于镇郊的一片白杨林中。

就是在阿斯彭这里,盖尔曼遇到了弗里奇。弗里奇是夸克模型的虔诚信徒,他惊奇地发现:说来奇怪,盖尔曼对于自己的"数学"作品竟然怀有摇摆不定的矛盾心情。

弗里奇出生于前民主德国莱比锡南部的茨维考。他与一个同伴逃离了前民主德国,从保加利亚当局的眼皮底下乘坐装有舷外马达的皮艇逃离。他们沿着黑海航行了320千米,抵达土耳其海域后才上岸。

到达联邦德国的慕尼黑之后,弗里奇开始在马克斯·普朗克物理和天体物理研究所攻读理论物理学博士学位。他在那里师从的教授之一是海森伯。1970年夏天,他在去往加利福尼亚州斯坦福直线加速器中心(SLAC)的路上经过了阿斯彭物理中心*。

还是前民主德国的一名大学生时,弗里奇就开始相信夸克一定在强核力的量子场论中处于中心地位。夸克绝不仅仅是一种数学手段,它们是真实的存在。

盖尔曼被这位德国年轻人的热情打动了,于是同意弗里奇到他所在的加州理工学院(Caltech)与他会面。弗里奇大约每月从SLAC到Caltech访问一次。他们开始一起致力于利用夸克构建场论的研究。1971年年初,当弗里奇在联邦德国完成研究生学业后,他转到Caltech继续从事研究工作。

弗里奇触发了一场小规模的地震,动摇了盖尔曼对于夸克的保守态度。这不只是一场心理上的地震:弗里奇是在1971年2月9日那一

* 英文原版没有交代弗里奇前往加利福尼亚州的具体地点。经过与弗里奇本人直接沟通,可以确认他当时是在斯坦福直线加速器中心做访问工作,因此有机会经常短期访问加州理工学院。——译者

天到达Caltech的，与当天早上发生在西尔马附近、撼动了圣费南多山谷的真实地震碰在了一块，那场地震的强度达到了里氏6.6级。“为了纪念那一事件，”盖尔曼后来写道，“我就让挂在墙上的画像歪斜着，直到1987年的一场地震把它们震得更乱。”

盖尔曼为自己和弗里奇筹得经费资助，他们两人于1971年秋天旅行来到CERN。就是在这里，威廉·巴丁（William Bardeen）告诉了他们一些有关中性π介子衰变率的计算中出现的反常效应。威廉·巴丁是超导BCS理论的发现者之一约翰·巴丁的儿子，曾经在普林斯顿工作过一段时间，与阿德勒（Stephen Adler）一起做过这一计算。他们的计算表明，具有分数电荷的夸克模型所预言的衰变率与实验的测量值相比显得太低了，压低了三倍。阿德勒进一步证明，具有整数夸克荷的韩-南部模型实际上在预言所测得的衰变率方面表现得要好一些。

盖尔曼、弗里奇和威廉·巴丁此时在一起工作，研究解决上述问题的各种可能性。他们想弄清楚，是否有可能使中性π介子衰变的实验结果与最初具有分数电荷的夸克模型的某种变化形式相符合。

正如韩武荣和南部指出的那样，他们需要的是一个新的量子数。盖尔曼决定把这个新的量子数称为“色”（color）。在这种新方案中，夸克会拥有三种可能的色量子数：蓝色（blue）、红色（red）和绿色（green）*。

重子是由三种不同色的夸克组成的，使得它们的总“色荷”（color charge）等于零，因此它们的产物是“白色”（white）。例如，可以认为质子是由一个蓝色的上夸克、一个红色的上夸克和一个绿色的下夸克组成

---

*在最初的方案中，盖尔曼、弗里奇和威廉·巴丁把三种色量子数称为红、白和蓝（此灵感来自法国国旗的颜色）。然而他们很快就明白了，采用红、绿和蓝的效果更为理想。原因在于，当三种颜色混合在一起时，它们生成的是白色（虽然严格说来，是红、黄和蓝三种原色组合在一起生成白色）。为避免混淆，我一开始就采用当前流行的术语。

的($u_b u_r d_g$),而中子是由一个蓝色的上夸克、一个红色的下夸克和一个绿色的下夸克组成的($u_b d_r d_g$)。可以认为诸如π介子和K介子等介子是由带色的夸克和带相反色的反夸克组成的,使得总“色荷”等于零,所以这些粒子也是“白色”。

这是一个简洁的解决方案。不同的夸克色提供了额外的自由度,意味着不存在破坏泡利不相容原理的问题。将不同类型的夸克数目增加三倍,则意味着现在可以精确地预言中性π介子的衰变率了。而且没有人会指望在实验中看到“色荷”现身,因为它是夸克的性质,而夸克被“禁闭”在白色的强子中。人们不可能看见色量子数,原因在于大自然要求所有可观测粒子都是白色的。

“我们逐渐发现,[色]变量将为我们做所有的事情!”盖尔曼解释道。“它解决了统计问题,而且它在不必令我们与疯狂的新粒子为伍的情况下就可以做到这一点。随后我们意识到它也可以解决动力学问题,因为我们可基于色量子数构建一个SU(3)规范理论,即一种杨-米尔斯理论。”

到了1972年9月,盖尔曼和弗里奇详细阐述了一个模型,它是由三种带分数电荷的夸克组成的,而夸克可以取三种“味”(flavor)——上、下和奇异——以及三种色。在该模型中,夸克被强“色力”(color force)的传递者——八个带色的胶子(gluon)——组成的系统束缚在了一起。盖尔曼在一个为纪念芝加哥国家加速器实验室(National Accelerator Laboratory)投入运行而举办的高能物理学会议上介绍了这个模型。

不过他已经开始有些犹豫不决,几乎要改变主意了。夸克的状态及其永久被禁闭的机制再一次强烈地困扰着盖尔曼,使得他在宣传他们的理论时表现得有点低调。他提到上述模型的一个变种,它的特色是容许单个胶子的存在。他强调,夸克和胶子都是“虚构的”(fictitious)。

等到了他和弗里奇着手撰写会议文稿的时候，困惑和疑虑已经朝着他们步步逼近了。“在准备会议书面报告的过程中，”他后来写道，“令人遗憾的是，上面刚提到的疑惑困扰着我们，所以我们退缩了，只侧重于描述技术性问题。”

其实并不难理解他们为什么缺乏足够的勇气。如果带色夸克确实被永久地禁闭在“白色的”重子和介子内部，使得我们永远看不见它们的分数电荷和色荷，那么就会有人说：关于夸克性质的所有推断原本就是毫无意义的。

理论学家现在非常接近一个宏大的综合性理论：基于SU(3)×SU(2)×U(1)对称群，将几种量子场论合并在一起——它就是广为人知的标准模型。这种综合为实验粒子物理学未来30年的发展做好了理论准备。如此说来，盖尔曼等人的迟疑和犹豫只是豪赌之前的深呼吸罢了。

事实上，就在几年前，可能存在夸克的诱人证据就已经出现在了与电子和质子有关的高能对撞过程中。加利福尼亚州的斯坦福直线加速器中心开展了相关的实验，其结果强烈地暗示：质子是由类点组分构成的。

不过，当时还不清楚这些类点组分就是夸克。更令人疑惑的是，实验结果也暗示：有关组分远非被禁锢在质子的内部，而是表现得好像可以完全自由地在比自己庞大的栖息地里面四处闲逛。这怎么能够与夸克禁闭的想法兼容呢？

理论学家的工作差不多都做完了。标准模型几乎准备就绪了。现在该轮到实验物理学家大显身手了。

第二部分

# 发 现

第六章

# 忽隐忽现的中性流

质子和中子被证明是具有内部结构的；而理论所预言的弱核力中性流在实验上先得而复失，又失而复得。

宇宙线产生了一些人类曾经观测到的最高能量的粒子碰撞，其能量有时比即便利用今天的粒子对撞机所能产生的能量还要高得多*。但宇宙线的起源是个未解之谜，人们对那些参与了触发极高能宇宙线事例的粒子和能量也一无所知。成功的宇宙线实验依赖于对新粒子和新过程的随机探测，而经验表明这种探测是很难重复的。

尽管在20世纪30年代至50年代初的20年间，宇宙线实验在发现正电子、μ子、π介子和K介子的过程中取得了成功，粒子物理学的进一步发展却不得不指望越来越强大的人造粒子加速器。

最早的加速器造于20世纪20年代晚期。它们属于直线加速器，是

* 宇宙线粒子的能量通常处于10兆电子伏（即10 MeV）和10千兆电子伏（即10 GeV）之间，但偶尔也会记录到能量高得令人难以置信的粒子。1991年10月15日，在美国犹他州测量到了一个能量约为$3\times10^8$万亿电子伏（即$3\times10^8$ TeV）的宇宙线粒子。该粒子被戏称为“哦，我的上帝”粒子，人们认为它是一个被加速到非常接近光速的质子。

使电子或质子通过一系列振荡电场来达到加速的效果。1932年，考克饶夫(John Cockcroft)和瓦耳顿(Ernest Walton)利用一台这样的加速器产生了高速质子，然后将质子打到固定靶上，使得靶原子核在首次人工诱导的核反应中改变了性质*。

1929年，美国物理学家劳伦斯(Ernest Lawrence)发明了另外一种加速器的设计方案。这一方案旨在利用磁铁使质子流局限于回旋运动，同时采用交流电场将质子加速到越来越高的速度。他把这种类型的加速器称作**回旋加速器**(cyclotron)。

劳伦斯在某种程度上也是一个善于引起公众注意的人物，具有勃勃雄心。一系列越做越大的加速器接踵而至，而登峰造极之作是他1939年设计的巨无霸超级回旋加速器，其磁铁重达2000吨。劳伦斯估计，这台加速器会使质子的能量达到100兆电子伏(即100 MeV)，正好处于质子穿透原子核所要求的能量阈值。他于是和洛克菲勒基金会接洽，请求得到资助。劳伦斯是在正打着一场网球赛时，被告知他刚刚获得了1939年的诺贝尔物理学奖。彼时彼刻，他要求得到资助以建造超级回旋加速器的呼声自然变得格外地高。

图6.1 劳伦斯(1901—1958)

随着第二次世界大战的爆发，劳伦斯的回旋加速器技术被转用于解决分离铀235的问题，其数量要足以制造出那颗投向广岛的原子弹。建在田纳西州东部橡树岭国家实验室的电磁同位素分离装置Y-12就是基

* 当年关于此类核反应的实验被报道成“分裂原子”的实验，这是相当不准确的。

于劳伦斯的回旋加速器设计方案*。

用于Y-12装置的磁铁长达75米，其重量介于3000吨与10 000吨之间。建造这些磁铁用光了当时美国的铜储备，使得美国财政部不得不借给曼哈顿工程(Manhattan Project)15 000吨的银以配齐磁铁的线圈。磁铁所需电力与一座大城市的供电量差不多，其磁场如此强大，以至于工人们都能够感觉到磁力对他们鞋子上的铁钉的吸引力。一不留神走近磁铁的妇女们有时会丢失她们的发卡。铺排传输管线要借助墙体屏障。该装置的运行始于1943年11月，维持运行的雇员多达13 000人。

这是后来那些以"大科学"(big science)而著称的科学项目的第一个实例。

回旋加速器采用的是强度不变的磁场和固定频率的电场，因此它具有不可避免的先天局限性，就粒子的能量而言，只能达到约1000兆电子伏(即1000 MeV；或1千兆电子伏，即1 GeV)。为了获取更高的能量，需要引导被加速的粒子束流以环形轨迹运动，而磁场和电场则沿着环形轨迹同步变化。这种**同步加速器**(synchrotron)的早期例子包括：1950年建在加利福尼亚州伯克利辐射实验室的6.3千兆电子伏的高能质子同步稳相加速器(Bevatron)，以及1953年建在纽约州布鲁克黑文国家实验室的3.3千兆电子伏的宇宙线级质子同步加速器(Cosmotron)。

其他国家也开始着手同步加速器的建造。1954年9月29日，11个西欧国家批准了成立欧洲核子研究中心(Conseil Européen pour la Recherche Nucléaire，或European Council for Nuclear Research，简称CERN)的协定**。三年以后，在位于莫斯科以北120千米的杜伯纳，苏联的联

---

* 电磁分离并非当时所采用的唯一技术。一个巨大的气体扩散(gaseous diffusion)车间和一个热致扩散(thermal diffusion)车间也建在了橡树岭。

** 当临时理事会解散时，该机构更名为欧洲核子研究组织(Organisation Européenne pour la Recherche Nucléaire，即 European Organization for Nuclear Research)。不过人们认为缩写OERN比CERN绕口，所以最初的缩写保留了下来。

合核研究所(Joint Institute for Nuclear Research)为一台10千兆电子伏的质子同步加速器举行了落成典礼。CERN很快就跟了上来,于1959年在日内瓦建成了一台26千兆电子伏的质子同步加速器。

在20世纪60年代,因为冷战(Cold War)所导致的技术霸权竞赛达到了白热化,所以美国投向高能物理学的资金大幅度增加。1960年,交变梯度同步加速器(Alternating Gradient Synchrotron)在布鲁克黑文建成,它能够在33千兆电子伏的能量区域运行。似乎很明显,同步加速器的设计者掌握着粒子物理学的未来发展,他们可以推动技术的发展使之达到更高的对撞能量。

因此,当耗资114 000 000美元、能量为20千兆电子伏的**直线**电子加速器于1962年在加利福尼亚州的斯坦福大学开始建造时,许多粒子物理学家把它视为一台落后于时代潮流的机器,只能服务于二流实验。

但是有些物理学家认识到,把注意力集中到更高能量的强子对撞是以测量的精细性为代价的。同步加速器被用于加速质子,并把它们轰击到含有其他质子的固定靶中。正如费曼所解释的那样,质子与质子对撞就“……如同将两块怀表相撞,来观察它们是如何组成一个整体的”。

斯坦福直线加速器中心(SLAC)建在斯坦福大学校区,占地约160公顷,位于旧金山南部约60千米处。1967年,这台加速器首次达到了它的设计束流能量20千兆电子伏。长达3千米的加速器是直线的而非圆形的,原因在于利用强磁场把电子束流束缚在圆环中会导致显著的能量损失,这种损失是通过发出X射线同步辐射而造成的。

当电子与质子对撞时,会导致三种不同类型的相互作用。电子可以不受太大损失地被质子弹开,相互交换一个虚光子。电子的速度和方向会发生改变,但是粒子本身完整无缺。这种所谓的“弹性”散射产生的电子拥有相当高的散射能量,后者聚集在一个峰值附近。

在第二类相互作用中，质子与电子的对撞会交换一个虚光子，使得质子处于一个或几个激发的能态。结果散射电子携带较少的能量离开，而该反应的散射截面随能量变化的图显示出一系列的峰或“共振”点，对应着不同的质子激发态。这种散射是“非弹性的”，原因在于它可以产生新粒子（比如π介子），尽管电子和质子都完好无损地从相互作用中现身。基本上，对撞的能量和所交换的虚光子的能量产生了新粒子。

第三种类型的相互作用叫作“深度非弹性”散射，在此过程中电子和虚光子的大部分能量将质子彻底摧毁。各种各样的强子喷溅出来，而散射电子发生反弹，但在这种情况下它携带的能量非常之少。

1967年9月，针对深度非弹性散射的研究在SLAC开始了。该实验以液态氢为靶，并选取了相当小的散射角度。研究是由一个很小的实验组完成的，其中包括麻省理工学院（MIT）的物理学家弗里德曼（Jerome Friedman）和肯德尔（Henry Kendall），以及出生于加拿大的SLAC物理学家泰勒（Richard Taylor）。

他们关注的焦点是一种叫作“结构函数”（structure function）的物理量的行为，它是初态电子的能量与散射电子的能量之间的差值的函数。这一差值和电子在碰撞过程中的能量损失或者所交换的虚光子的能量有关。他们发现，随着虚光子能量的增大，结构函数展示出明显的峰，对应着所预期的质子共振态。然而，当能量进一步增大时，这些峰被一条宽泛的、没有结构特点的、比较平坦的曲线所取代，后者随着能量延伸到深度非弹性碰撞的区域而逐渐下降。

相当奇怪的是，结构函数的形状看上去在很大程度上不依赖于初始的电子能量。实验物理学家无法理解结果为什么会是这样。

但是美国理论物理学家比约肯（James Bjorken）理解了这种现象。比约肯于1959年从斯坦福大学获得了博士学位。1967年秋天，他在哥本哈根的尼尔斯·玻尔研究所访问一段时间后，不久以前刚返回加利福尼亚。就在SLAC的直线加速器建成之前,他已经研究出来一种方法对电子-质子的碰撞结果做出预言。他所采用的是一种相当深奥的、基于量子场论的方法。

在该模型中,可以用两种截然不同的方式考虑质子。可以把质子视为一个由物质组成的实心“球”,其质量和电荷均匀分布。或者把质子设想成一个在很大程度上空洞无物的区域,包含着离散的类点带电组分,就如同原子一样。原子已经在1911年被证明是很空洞的实体,含有一个微小的、带正电荷的原子核。

这两种考虑质子结构的方法差异很大,会导致很不相同的散射结果。比约肯认为,具有足够能量的电子可以穿透一个“复合”质子的内部,并与它的类点组分发生碰撞。在深度非弹性碰撞的区域,被散射的电子其数目更大并且角度也更大,此时结构函数具有实验所揭示出来的行为。

比约肯起初宣称这些类点组分也许是夸克,随后又收回了自己的话。当时夸克模型在物理学界被当作笑柄,人们手边不乏可供选择而且更被看好的理论。甚至在由MIT和SLAC的物理学家所组成的实验组内部,也爆发了有关如何解释实验数据的争论。因此他们没有急于把实验结果宣布为夸克存在的证据。

图6.2　费曼(1918—1988)

这件事就此停顿在那里,时间长达10个月。

1968年8月,费曼访问了SLAC。在致力于弱核力和量子引力若干问题的研究之后,费曼决定把自己的注意力转回到高能物理学。他的妹妹琼(Joan)住在SLAC实验室附近。费曼在探望妹妹之际借机“巡视”了SLAC,想要弄清楚这个领域正在发生的事情。

他听说了MIT-SLAC实验组关于深度非弹性散射的工作。第二轮实验即将开始,但物理学家依然对如何解释前一年的实验数据困惑不已。

当时比约肯在外地,但是他那位新来的博士后研究助理帕斯克斯(Emmanuel Paschos)告诉了费曼有关结构函数的行为,并问他如何看待这个问题。当费曼看到实验数据的时候,他断言:“我一生都在期待诸如此类的实验,能够用来检验强作用力的场论!”当天夜里,他在下榻的汽车旅馆的房间里就把这个问题解决了。

他相信,MIT和SLAC的物理学家所观察到的行为与质子内部深处的类点组分的动量分布有关系。费曼把这些组分称作“部分子”(parton),其字面意义就是“质子的零件”,以避免与任何有关质子内部结构的特定模型纠缠在一起*。

“我可真有样东西要展示给你们这帮人看,”费曼第二天早上向弗里德曼和肯德尔宣布,“昨晚我在汽车旅馆的房间里把所有问题都解决了!”比约肯此前已经得到了费曼此时此刻所得到的绝大部分结论,而费曼也承认比约肯领先于自己。不过费曼再次以一种更为简洁但更为完善和直观的方式描述了有关的物理思想。1968年10月,当费曼回到SLAC做一个关于部分子模型的演讲时,他的报告如同放了一把火。没有什么比诺贝尔奖得主的热烈鼓吹更能让人们对一个大胆的想法信心陡增了。

部分子其实就是夸克吗? 费曼不知道也不在意,但比约肯和帕斯

* 盖尔曼对此无动于衷。他将部分子称为“骗子”(put-on)。事实上,部分子并非仅仅是夸克。夸克和胶子都可以是部分子,在它们之间传递的是色力。

克斯不久就基于夸克的三重态得到了一个详尽的部分子模型。

SLAC关于电子针对中子的深度非弹性散射的更多研究，以及来自CERN的关于中微子针对质子散射的研究结果，都为夸克模型提供了进一步的支持证据。到了1973年的年中，夸克正式“登台亮相”。夸克曾经被半开玩笑地看成是关于自然界的一种奇思怪想，但它们现在朝着被接受成为强子的真实组分而迈出了决定性的一步。

一些重要的问题依旧没有答案。只有假设夸克在质子和中子内部各自独立地弹来跳去，完全互不相关，才可能正确地理解结构函数的行为。可是，20千兆电子伏的电子已经击中单个夸克，导致了作为东道主的靶核子的毁灭，那么为什么没有释放出自由的夸克呢？

这是不合情理的！倘若强作用力将夸克紧紧地束缚在核子里面，使得它们永远处于“禁闭”状态而无法被观测到，那么它们怎么可能在核子内部似乎如此自由自在地走来走去呢？

到了1971年年底，关于电弱相互作用的完全成熟的量子场论已经建立起来了，而且理论物理学家对它的信心正逐渐增强。利用希格斯机制所实现的对称性破缺能够解释电磁学与弱核力之间的差别，否则两者就同属于一般的电弱力(electro-weak force)。对称性破缺允许光子没有质量，同时给予弱作用力的传递者以质量。弱作用力需要两个带电的传递者$W^+$粒子和$W^-$粒子，以及一个电中性的传递者$Z^0$粒子。如果$Z^0$存在的话，那么人们期待着那些与$Z^0$交换有关的相互作用会以弱中性流的形式表现出来。

倘若这一理论是正确的，那么可以预期的是中性K介子会呈现出弱中性流，后者也涉及奇异性的改变。这种奇异性改变的中性流在实验中并未现身，其情形曾经令人相当尴尬，现在借助于GIM机制和第四种夸克(即粲夸克)的存在得以对该现象做出解释。

理论物理学家将注意力转向其他不涉及奇异性改变的弱中性流，并开始催促实验物理学家寻找这些过程。涉及μ子型中微子和核子(即质子和中子)之间相互作用的过程看来是最好的候选者。比方说，在μ子型中微子和中子的碰撞过程中，虚$W^-$粒子的交换将μ子型中微子转化为带负电荷的μ子，并把中子转化为质子。这是一个带电流(charged current)过程。虚$Z^0$粒子的交换可以让μ子型中微子和中子完整无缺，对应着一个中性流过程(如图6.3)。倘若两种过程都发生，那么就可以通过μ子型中微子与核子的散射并寻找不含μ子产生的事例来获得弱中性流的证据。温伯格估计，对应每100个带电流事例，应该产生14—33个中性流事例。

问题在于中微子是特别轻的中性粒子，不会在粒子探测器中留下任何踪迹。这样的探测器依赖于带电粒子的经过，将电子从组成探测器物质的原子中驱逐出来，在它们的身后留下带电离子的泄密线索。第一台这种类型的探测器是苏格兰物理学家威尔逊(Charles Wilson)在1911年发明的。在威尔逊的"云室"(cloud chamber)中，粒子的轨迹是通过被撇在身后的离子周围的水蒸气发生冷凝而变得清晰可见的。

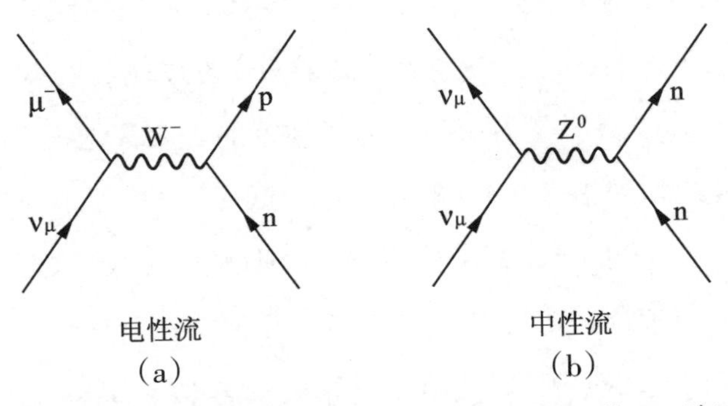


图6.3　(a)中子与μ子型中微子碰撞，并交换一个虚$W^-$粒子。该过程把中子转化为质子，并且把μ子型中微子转化为μ子。这是一种"流"。不过相同的碰撞也可以包含一个虚$Z^0$粒子的交换，如图(b)，没有任何粒子改变身份，也没有μ子产生。这种"不含μ子的"事件就是一种中性流

20世纪50年代初期，云室被美国物理学家格拉泽(Donald Glaser)发明的气泡室(bubble chamber)所取代，但两者的原理是非常相似的。气泡室装满了接近自身沸点的液体。穿过液体的带电粒子同样会在它的后面留下离子和电子的形迹。如果液体上方的大气压力随后降低，那么液体就开始汽化。但它将首先沿着遗留下来的离子形迹发生汽化，形成一系列的气泡，使得粒子的轨迹清晰可见。然后可以把轨迹拍摄下来，并增加大气压力以阻止液体进一步汽化。

气泡室的优点在于，室内的液体也可以充当来自加速器的粒子的靶子。绝大多数气泡室采用的是液态氢，但也可以利用更重的液体，如丙烷和氟利昂(即用于旧式冰箱的制冷剂)。

温伯格所要寻找的那种“不含μ子的”事件的唯一信号将是突然出现在探测器中的一簇强子，它们似乎是从天而降。但针对这类神秘的强子喷注，也有很多其他相当平庸的解释。μ子型中微子也许撞上了探测器壁中的原子，带出散杂的中子，后者会接着在探测器中产生出随机的强子。出现在探测器“上游”的事件有可能产生中子，进而产生强子。此外，如果从带电流事件中产生出来的μ子以很大的反冲角散射，它很可能完全不被察觉到。诸如此类的背景事件很容易被误记为是真实的不含μ子的事件，从而被误判为是弱中性流过程。

实验物理学家对任何这类探究所涉及的困难都是极其小心谨慎的。CERN的物理学家在1968年11月草拟了一份实验优先次序的名单，其中把W粒子的寻找置于首位，而弱中性流的寻找只处于较低的第八位。“截至1973年，实际情况是不存在任何有利于中性流的确凿证据，但却存在很多对中性流不利的证据。”牛津大学的物理学家珀金斯(Donald Perkins)如是说。

然而到了1972年春天，理论上的巨大进展将中性流的寻找推到了议事日程的首位。物理学家开始思考，或许实验可以为中性流问题提供一个确切的答案。

一个由CERN的物理学家缪塞(Paul Musset)、来自法国奥尔塞加速器实验室的拉加里格(Andre Lagarrigue)和珀金斯领导的规模宏大而且不断扩展的国际合作组成立了,他们采用的是世界上最大的重质液体气泡室"卡伽米丽"(Gargamelle)*。该气泡室得到法国原子能委员会的资助,建于法国,1970年安装在CERN的26千兆电子伏质子同步加速器近旁。建造"卡伽米丽"花了六年时间,它被设计成专门用于研究与中微子相关的粒子碰撞。

"卡伽米丽"运行了将近一年,放弃了很多不含μ子的事件,它们是被当作由散杂中子产生的背景"噪声"而放弃的。实验物理学家现在怀着新的兴趣开始查看这些事件。

他们面临的挑战在于,把由弱中性流所产生的真正不含μ子的事件从那些由背景中子、大角μ子散射和错判所导致的事件中区分出来。这是一个相当吃力不讨好的任务,但是到了1972年年底,"卡伽米丽"合作组的许多物理学家开始相信他们已经发现了什么。此时合作组的成员包括来自七个欧洲实验室的物理学家,以及来自美国、日本和俄罗斯的客座物理学家。不过在合作组内部意见很不统一,主要分歧并不在于中性流本身是不是事实,而在于他们所收集到的证据是否足够令人信服。

与此同时,第二个寻找弱中性流的实验在美国启动。世界上最大的质子同步加速器建于芝加哥的国家加速器实验室(National Accelerator Laboratory,简称NAL)**,它在1972年3月达到了设计能量200千兆

---

* 这个气泡室是以卡冈都亚(Gargantua)的母亲的名字命名的。卡冈都亚是16世纪文艺复兴时期的法国作家拉伯雷(Francois Rabelais)所创作的小说《巨人传》(*The Life of Gargantua and Pantagruel*)中的巨人。

** 该实验室于1974年更名为费米国家加速器实验室(Fermi National Accelerator Laboratory,即Fermilab)。

电子伏。身在哈佛大学的意大利物理学家鲁比亚(Carlo Rubbia)、宾夕法尼亚大学的曼(Alfred Mann)和威斯康星大学的克莱因(David Cline)此时利用的是从同步加速器产生出来的μ子型中微子束流,以寻找不含μ子的事件。CERN的团队暂时领先,但是他们的初步报告并非决定性的。鲁比亚是个雄心勃勃的人,他下决心要做到后来者居上。

发现不含μ子的事件是很容易的,证明它们来自弱中性流却很困难。当缪塞在1973年年初给出了更多的初步实验数据时,没有大张旗鼓地渲染,也没有宣称已经做出了他们孜孜以求的发现。

NAL团队的优势容许他们有机会赶上来。他们的同步加速器更加强大,能够在很短的时间内产生更多μ子型中微子的散射事件。他们的探测器也提供了比“卡伽米丽”更大的靶质量,提高了探测散射事件的概率。这些因素有助于降低背景中子的影响,但对大角散射的μ子逃避了探测这一点却毫无办法。鲁比亚和他的哈佛团队试图利用计算机模拟来考虑这一贡献,把这一贡献的理论估计值从实验中测量到的不含μ子的事件中减除,从而得到真实的不含μ子的事件数。

这是一个笨拙的折中方案,曼和克莱因都对它的可靠性深表怀疑。鲁比亚得知了CERN的物理学家正在获取大量的证据,开始手忙脚乱地赶进度*。曼和克莱因对这样的紧迫感可能导致的后果是再清楚不过了:这很容易导致物理学家的自我蒙蔽,使他们自己确信存在某种其实根本不存在的东西。他们两人极力主张要谨慎行事。

NAL的物理学家所取得的进展在1973年7月传到了CERN。鲁比亚写信给拉加里格,声称他们已经积累了“大约100个确定无疑的[中

---

* 此时CERN的物理学家也在先前的“卡伽米丽”照片中找到了一个“镀金的”(gold-plated)弱中性流事件。这涉及μ子型反中微子与电子的相互作用,该过程更为稀有,但却摆脱了背景的污染。此证据确定无误,但还只是一张照片而已。把差不多150万张照片仔细搜寻一遍之后,最终只发现了3个这样的事件。

性流]事件"。他进而建议两个实验室同时发表他们的结果。拉加里格礼貌地拒绝了鲁比亚的要求。CERN的物理学家已经在μ子型中微子与核子的碰撞过程中确定了真实的不含μ子的事件,并且推算出中性流事件与带电流事件的比值为0.21。在那些与μ子型反中微子有关的碰撞过程中,中性流事件与带电流事件的比值则为0.45。在这种情况下,CERN的物理学家所采取的行动是宣布他们最终发现了弱中性流,并把论文投到期刊《物理快报》。该论文在当年的9月份发表。

NAL的研究组发现,在μ子型中微子和μ子型反中微子与核子的碰撞过程中,中性流事件与带电流事件的综合比值为0.29,与CERN的结果符合得相当好*。

就在这个节骨眼上,鲁比亚的美国签证到期了。尽管鲁比亚在哈佛大学拥有教授职位,但他还是受到了将被驱逐出境的威胁。在波士顿的移民局专门为他举办的上诉听证会上,鲁比亚大发脾气。24小时之内,他坐上了被驱逐出境的班机。

随着鲁比亚的置身事外,NAL的合作者开始走回头路。他们的论文已经在当年8月份投到期刊《物理评论快报》,但被同行评议驳回了。审稿人担心的是,他们并没有很好地解决如何排除那些不含μ子的错误事件的问题。克莱因和曼改造了他们的探测器,打算以这样或者那样的方式解决这一问题。

那些真实的不含μ子的事件很快消失了,随之而来的是中性流事件与带电流事件的比值降到了0.05的低位。NAL的物理学家转而相信,他们被先前的实验结果误导了。

鲁比亚在CERN也是个举足轻重的人物,他决定就此事搬弄一些

---

* 在NAL的实验中,μ子型中微子和μ子型反中微子的比值在数量级上为2:1。因此,CERN所测得的μ子型中微子和μ子型反中微子的比值的加权平均值等于0.29。换句话说,$(0.21 \times 2 + 0.45 \times 1) \div 3 = 0.29$。

是非。他向CERN当时的主任延奇克(Willibald Jentschke)进言，声称“卡伽米丽”合作组犯下了一个大错误。CERN那时还处在比自己更有声望的美国竞争对手的阴影里，而且它的国际声望在先前的失误中已经遭受了一些挫折。许多欧洲物理学家倾向于认为“卡伽米丽”的结果一定是错的。CERN一位资深的物理学家拿他酒窖中一半的酒下注，赌“卡伽米丽”的结果有误。延奇克被CERN的声誉就要再遭重创的想法搅得胆战心惊，于是他召集“卡伽米丽”的物理学家开会，一个犹如审讯的会议。

尽管“卡伽米丽”的物理学家被这些事态搞得心神不宁，但他们并没有动摇。他们选择了坚持自己的结论。珀金斯在CERN的电梯里遇到延奇克，他叫延奇克放心。“我知道合作组已经把事件分析检查了好多遍。近一年来，我们一直在全力寻找关于观测效应的其他解释，但是没有成功，”珀金斯解释道，“所以我认为实验结果是绝对可靠的，而[延奇克]就应该对横跨大西洋的流言蜚语不予理睬。我不清楚我的话是否打消了他的疑虑，但他是面带笑容离开电梯的。”*

鲁比亚于11月初返回NAL，并与NAL的物理学家一道开始起草一篇截然不同的论文，声明他们没有发现弱中性流，他们的实验结果与CERN最近的报告以及电弱统一理论的预言相抵触。

接踵而至的是令人尴尬的**大转弯**。到了1973年12月中旬，NAL的物理学家意识到，他们在探测器中把那些从其他中微子碰撞过程悄悄混进来的π介子误判为μ子了。这一效应实际上消除了对不含μ子的事件的计数。弱中性流又回来了。克莱因此时不得不承认，“数量级为10%的不含μ子的信号正以显著的概率出现在数据中”。他无法让这些事件消失。NAL团队决定将他们最初的论文做适当修改后重新投

* 引自珀金斯2003年6月发表在《欧洲核子研究中心快报》(*CERN Courier*)的文章。

稿。该论文于1974年4月发表在《物理评论快报》上。

物理学界内的一些人后来开玩笑地将他们的发现称为“忽隐忽现的中性流”(alternating neutral currents)。

到了1974年的年中，其他实验室证实了CERN和NAL的结果，一度混乱的局面也得到了澄清。弱中性流成为一个确定的实验事实。

但是这一发现的含义要更为深远。弱中性流意味着存在负责传递弱作用力的“重光子”(heavy photon)。如果在奇异粒子的衰变中发现不了中性流，那一定是由于有关的中性流过程被GIM机制压制了。

换句话说，第四种夸克也一定存在。

第七章

# 它们一定是W粒子

建立了量子色动力学，发现了粲夸克，并恰好在理论所预言的地方找到了W粒子和Z粒子。

拼图的碎片现在明朗化了。SLAC的深度非弹性散射实验所揭示出来的难解之谜，即在核子中存在自由运动的点粒子之谜，被证明根本就不是一个令人困惑的问题。它是强核力的特性所导致的一个直接后果，而强核力的行为与我们的直觉大相径庭。

当我们想象一种由两个粒子之间的力所支配的相互作用的特性时，我们会倾向于考虑诸如引力或电磁力的例子。在这样的例子中，粒子靠得越近，相应的力就越强*。但强核力的行为却并非如此。这种力展现出来的是所谓“渐近自由”(asymptotic freedom)的特性。在两个夸克的间距为零的渐近极限下，相关的粒子感受不到任何力，处于完全“自由”的状态。然而，当它们的间距增大到超过核子的界限时，强作用力就会拉紧制动手闸，将它们牢牢地控制住。

这就如同把夸克固定在了弹力强劲的橡皮筋的两端。当夸克在核子中靠得很近时，橡皮筋是松弛的，在夸克之间几乎没有或完

* 回想一下你童年时把两根磁棒的北极往一起靠近的经历吧。磁铁靠得越近，你感受到的阻力就越大。

全没有相互作用力。只有当我们试图把夸克拉开，从而拉长了橡皮筋的时候，才能感受到相互作用力（如图7.1所示）。

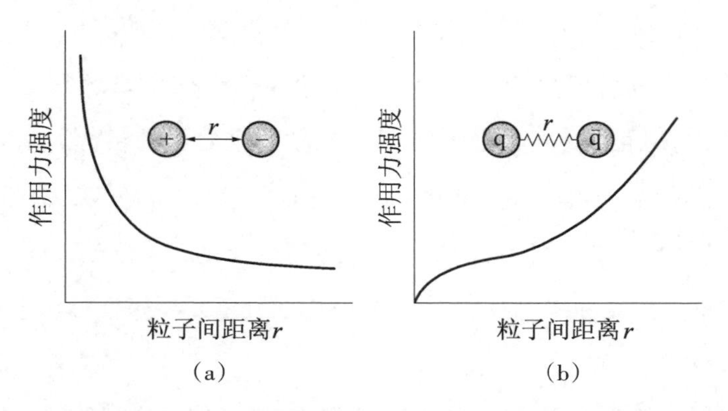


图7.1　(a)两个带电粒子之间的电磁吸引力随着粒子的靠近而增加。但是把夸克束缚在强子内部的色作用力的行为却大不相同，如图(b)。例如，在夸克和反夸克的间隔趋于零的极限下，它们的相互作用力降为零。这种力随着夸克和反夸克的分开而增强

1972年年底，普林斯顿的理论物理学家格罗斯已经开始着手证明，渐近自由在量子场论中是根本不可能的。在他的学生韦尔切克的帮助下，格罗斯反倒设法证明了正好相反的结果：基于定域规范对称性的量子场论**可以**容纳渐近自由。一位年轻的哈佛大学研究生波利策独立地做出了相同的发现。他们的论文一前一后地发表在1973年6月的《物理评论快报》上*。

那一年的6月，盖尔曼带着格罗斯、韦尔切克和波利策的论文预印本再次回到阿斯彭中心。和他在一起的是弗里奇和瑞士理论物理学家洛伊特维勒（Heinrich Leutwyler），后者来自伯尔尼大学，当时正休学术假期，在加州理工学院从事研究工作。他们共同建立了

---

*事实上，当时特霍夫特已经得出结论：杨-米尔斯规范理论可以展现出渐近自由这种违反直觉的行为。但他那时正忙于重正化的证明工作，没有进一步研究这个问题，也没有发表论文。

三种带色荷的夸克和八种带色荷的胶子的杨-米尔斯量子场论，其中胶子是无质量的*。为了解释渐近自由，**要求**胶子在这种情况下携带和传递色荷，但不需要引进类似于希格斯机制的技巧。

这一新理论得有个名称。盖尔曼和弗里奇在1973年称之为量子强子力学，但是第二年夏天盖尔曼想出了一个更好的名称。“该理论拥有许多优点，还不清楚它有什么缺点，”他解释道，“接下来的那年夏天，我在阿斯彭为这个理论发明了一个名称：量子色动力学(quantum chromodynamics)，即QCD。我还力劝帕格尔斯(Heinz Pagels)和其他人接受这个名称。”

以单一的SU(3)×SU(2)×U(1)群为结构，将强作用力的理论和电弱作用力的理论结合在一起的大综合理论，似乎终于近在咫尺了。

图7.2 盖尔曼(右)和弗里奇在柏林(1995年)

---

* 无质量的胶子？那又如何理解海森伯和汤川关于强作用力的传递者应该是体积较大、有质量的粒子的主张呢？假如强作用力与引力和电磁力相似，那么胶子有质量这一点的确是一个必要条件。然而强作用力并非如此。无质量的粒子能够乐此不疲地传递渐近自由的色力。和夸克一样，这些胶子也被禁闭在强子的内部。这就是为什么它们不像光子那样无所不在。

虽说渐近自由能够解释为什么夸克在强子的内部只有微弱的相互作用,但它无法解释为什么夸克处于禁闭的状态。人们为此发明了各种别致的模型。在其中的一个模型里面,环绕着夸克的胶子场被想象成带有色荷的细管或“弦”,它们处于分开的夸克之间。当把夸克拉开一段距离时,弦先是绷紧,然后伸展,阻止弦进一步伸展的力量也随着夸克之间距离的增加而增大。

弦最终会断裂,不过这只有当能量高到足以让夸克-反夸克对自发地从真空中变戏法般地出现的时候,才会发生。因此,诸如把一个夸克从核子的内部拉出来这种事情是做不成的,除非再产生一个反夸克,使之马上与夸克配对形成一个介子;并且产生另一个夸克,来取代原夸克在核子中的位置。最终的结果无外乎是这样:能量被引导到了介子的自发产生,而单个夸克是看不到的。夸克并非被禁闭到了从不现身的程度,而是我们从未见过不带陪护的夸克*。

就能量而言,将色荷隔离起来或者使之变“裸”的代价是巨大的。原则上,单个的、孤立的夸克具有无穷大的能量。这样的夸克会迅速地将虚胶子聚集起来形成一层外衣,企图掩饰色荷,因而能量就会增大。也可以用少得多的能量来掩饰色荷:要么把夸克与同色的反夸克配对;要么把它和另外两个不同色的夸克组合在一起,使得它们的净色荷为零,即所形成的东道主粒子是“白色”的**。

然而,夸克的色是无法被完全掩饰掉的。要想这样做,我们需要以某种方式把夸克一个挨一个地摞起来。可是夸克就如同电子,它们是量子态的粒子,同时具有波和粒子的性质。根据海森伯不确定性原理,

---

* 这种类比给人以丰富多彩的感觉(并非“色”与“彩”的一语双关,暗喻“色荷”的禁闭性),但仍限于思辨或推测。迄今为止,禁闭依然是QCD理论中悬而未决的问题。

** 例如,红、绿、蓝三种颜色组合在一起就会形成白色。——译者

以这种方式确定夸克的位置,就会给它们的动量带来无穷大的不确定性。这意味着动量可能变得无穷大,其代价同样是高昂的。

大自然达成了一个妥协方案。虽然无法将色荷完全掩饰掉,但是可以把显现在相关胶子场中的能量降低到可控制的范围。尽管如此,这一能量还是相当重要的。上夸克和下夸克的质量其实是很小的*,分别处于1.5—3.3兆电子伏和3.5—6.0兆电子伏**。测量到的质子质量为938兆电子伏,而中子质量大约为940兆电子伏。两个上夸克和一个下夸克合在一起的质量为6.5—12.6兆电子伏***。那么剩下的质子质量来自何处?它来自质子内部胶子场的**能量**。

“一个物体的惯性依赖于它所含的能量吗?”爱因斯坦在1905年曾经问过这个问题。答案是肯定的。大约99%的质子和中子质量是那些把夸克团结在一起的无质量的胶子所携带的能量。韦尔切克在2003年的《麻省理工学院物理年报》(*MIT Physics Annual*)中写道:“质量,这个看起来与物质的性质密不可分的物理量,是阻止物质的运动状态发生改变并使之懒散迟钝的别名。事实上,它反映出来的是对称性、不确定性和能量之间一种和谐的相互作用。”

1974年8月,格拉肖访问了布鲁克黑文国家实验室,再次敦促实验物理学家去寻找粲夸克。美国物理学家丁肇中在场聆听了格拉肖的报告。他当时正准备利用30千兆电子伏的交变梯度同步加速器(AGS)研

* 在英文原版中,作者在“质量”前加了一个修饰词——“假想的”,这似乎没有必要,因为夸克的质量早已成为真实的物理量。这里我们已将“假想的”一词忽略。——译者

** 这些夸克质量的数据摘自阿姆斯勒(Claude Amsler)等人发表在《物理快报B》2008年第667卷第1页的文章。

*** 此处原文为4.5—9.9兆电子伏,有误。——译者

究高能质子-质子对撞，并仔细搜寻那些从所产生的强子混沌中浮现出来的正负电子对。

图7.3　丁肇中（生于1936年）

实验数据表明，正负电子对积聚在一个能量约为3千兆电子伏的狭窄"共振"峰上。此时此刻，实验物理学家不清楚这意味着什么。他们设法消除了那些显而易见的误差来源，并重新检查了他们的分析。但结果没有什么不同，共振峰依旧顽固地处在3.1千兆电子伏的地方，而且狭窄如初。他们开始猜测，这一现象可能来自新物理机制。

丁肇中很谨慎。他曾因揭示出其他物理学家的实验中存在错误而获得很高的评价，他不想成为同样过失的牺牲品。他顶住了发表实验结果的压力，直到有机会再次确认实验数据的可靠性。

在此期间，在西海岸那边，斯坦福大学的物理学家施维特斯（Roy Schwitters）遇到一个难题。斯坦福正负电子不对称环（Stanford Positron Electron Asymmetric Rings，简称SPEAR）已经于1973年的年中在SLAC投入运行，用于对撞被加速了的正负电子。施维特斯在用于分析SPEAR实验数据的计算机程序中发现了一个错误。当他纠正了这个错误之后，人们对那些从1974年6月所完成的实验中获取的数据做了重新分析，结果马上显示出能谱存在结构的迹象，即在3.1—4.2千兆电子伏的地方出现了突起。该项目的领导人是美国物理学家里克特（Burton Richter），他最终被说服，将SPEAR的对撞能量重新设置在3.1千兆电子伏附近，以便回过头来再检查一下能谱的突起之处。

到了1974年11月，情况明朗化了，丁肇中在布鲁克黑文的课题组和里克特在SLAC的课题组发现了相同的新粒子,一个由粲夸克和反粲夸克所组成的介子。丁肇中所在的组决定把这个新粒子称为J粒子*,而里克特所在组则把它叫作Ψ粒子。人们后来将这一由两个组共同做出的发现称作"十一月革命"。

随后两个组的关系在优先权问题上出现了一点裂痕。每个组都不肯做出让步,不接受另一个组为新粒子所取的名字。如今这个粒子仍旧被称作J/Ψ粒子。丁肇中和里克特分享了1976年的诺贝尔物理学奖。

J/Ψ粒子的发现是理论物理学和实验物理学的胜利。它也使理论学家得以归纳和整理基本粒子的组合方式,后者是温伯格等人所建立的电弱统一理论的基础,而该理论很快就成为粒子物理学的"标准模型"。

当时已经发现了两"代"(generation)基本粒子,以及负责在它们之间传递相互作用力的粒子。每一代基本粒子由两个轻子和两个夸克组成。电子、电子型中微子、上夸克和下夸克构成了第一代。μ子、μ子型中微子、奇异夸克和粲夸克构成了第二代,它们的质量与第一代粒子的质量不同。光子传递的是电磁力;W粒子和Z粒子传递的是弱核力;而八个带色的胶子传递的是强核力,或者说,它们传递的是带色的夸克之间的色力。

可是到了1977年的春天,物理学家已经积累了压倒性的证据,证明存在一个更重的电子的变体,叫作τ轻子。但这并非物理学家真想听到的消息。

既然存在τ轻子,就应该存在τ子型中微子。于是乎,有关实际上

---

* 原因在于字母J与中文的"丁"字很像,暗指J粒子是由丁肇中发现的。——译者

存在三代轻子和夸克的猜测不可避免地愈演愈烈。1977年8月，美国物理学家莱德曼(Leon Lederman)在费米实验室发现了Υ粒子。这是一个由那时刚为人知的底夸克及其反夸克组成的介子。底夸克的质量约为4.2千兆电子伏，属于下夸克和奇异夸克的第三代变体。它们的电荷都等于-1/3，但底夸克更重一些。第三代的最后一个成员是顶夸克，人们设想它比其他夸克都要重，而且认为一旦建造出能够达到所需能量的对撞机，就会发现顶夸克。

图7.4　莱德曼(1922—2018)

虽然第三代轻子和夸克的出现令人感到有些意外，但很容易把它们融入标准模型(如图7.5所示)。1979年8月，在费米实验室组织的学术研讨会上，有人报告了在正负电子湮没(annihilation)实验中出现夸克和胶子"喷注"(jet)的证据。这些喷注是定向的强子喷射物，后者是由夸克-反夸克对形成的，也包括从其中一个夸克或反夸克那里"解放"出来的高能胶子。此类暴露强子内在结构的"三喷注事件"，为我们提供了迄今为止所能得到的有关夸克和胶子的最有力证据。

当时顶夸克仍旧下落不明，也没有弱作用力的传递者W粒子和Z粒子的直接证据。但是鉴于标准模型业已成为新的正统理论，格拉肖、温伯格和萨拉姆获悉他们被授予了1979年度的诺贝尔物理学奖，以表彰他们关于电弱统一的工作。

此刻竞争的焦点在于发现那些剩下的粒子，以便使标准模型完整化。温伯格在他的诺贝尔奖演讲中做了说明：电弱统一理论预言W粒

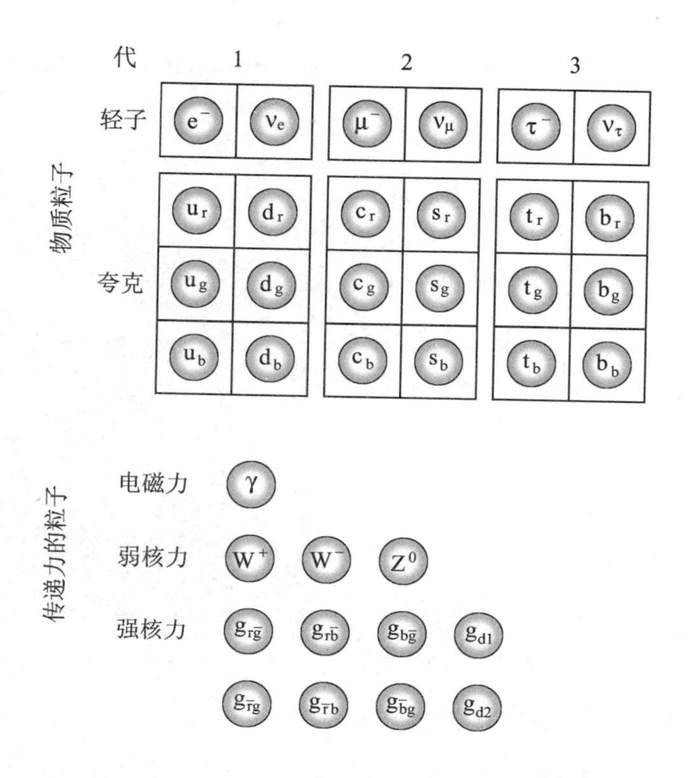


图7.5　粒子物理学的标准模型描述了三代物质粒子的相互作用。这些相互作用是通过三种力来实现的，而每种力是由一些场粒子或者“力的载体”来传递的

子和Z粒子的质量分别约为83千兆电子伏和94千兆电子伏*。

回到1976年6月，CERN的超级质子同步加速器(Super Proton Synchrotron，简称SPS)已经开始运行。这是一个周长为6.9千米的质子加速器，可以产生的粒子能量高达400千兆电子伏。就在它投入运行的一个月以前，该能量上限已经被费米实验室的质子加速器超越了，后者产生的粒子能量已经达到500千兆电子伏。但是将粒子轰击到固定靶中会导致大量的能耗，原因在于反冲粒子带走了很多能量。在这种情

* 如果把质子的质量取为938兆电子伏，那么W粒子和Z粒子的质量分别约为质子质量的88倍和100倍。

况下，可用于产生新粒子的能量只随着束流中粒子能量的平方根而增长。

这一点意味着：即使粒子束流被加速到SPS或者费米实验室的加速器所能达到的最高能量，预期它们轰击固定靶而产生的新粒子的能量也要低得多。要达到理论所预言的产生W粒子和Z粒子的能量，需要一个比以往所建造的任何加速器都大得多的加速器。

还有一个可供选择的方案。早在20世纪50年代，就有人提出了使两束被加速的粒子流相对撞的想法。假如把被加速的粒子注入两个相连的储存环，使得相应的束流相向而行，那么它们就能够发生迎头对撞。在这种情况下，被加速的粒子的所有能量都可以用于产生新粒子。

这种粒子**对撞机**(collider)始建于20世纪70年代。SPEAR是一个早期的例子，不过它采用的是轻子(正负电子)迎头对撞。1971年，CERN完成了交叉碰撞储存环(Intersecting Storage Rings，简称ISR)的建造。这是一台强子(质子-质子)对撞机，采用了26千兆电子伏的质子同步加速器作为被加速质子的源。质子先在同步加速器中被加速，然后再把它们注入ISR，使之开始对撞。然而，对撞的峰值能量为52千兆电子伏，依旧不足以得到W粒子和Z粒子。

1976年4月在CERN成立了一个研究组，其目的在于评价下一个大型建设项目，叫作大型正负电子对撞机(Large Electron-Positron Collider，简称LEP)。这台机器要建在一个27千米长的环形隧道中，隧道经过日内瓦附近瑞士与法国交界处的地下。它将利用SPS把电子和正电子加速到接近光速的速度，然后再把它们注入对撞机的环。对撞所涉及的粒子(在这种情况下是电子)及其反粒子(正电子)以相反的方向在单一的环中运动。针对每条粒子束流的最初设计能量为45千兆电子伏；当把两条束流的能量结合在一起时，会产生90千兆电子伏的迎头对撞能量，使得LEP刚好处在产生W粒子和Z粒子的能量范围内。

美国物理学家罗伯特·威尔逊(Robert Wilson)当时担任费米实验室的主任,他的视野甚至更为远大。他想要建造一台对撞能量可以达到1万亿电子伏(1000千兆电子伏,即TeV)的强子对撞机。这台加速器最终被称为“Tevatron”(1万亿电子伏对撞机)。这样一台对撞机需要未试用和未检验过的超导磁铁来加速粒子,但它当时至多只是个提议而已。

这就是高能粒子物理学家在1976年所面临的形势。CERN的SPS可以把粒子加速到400千兆电子伏,而它的ISR可以达到52千兆电子伏的对撞能量,两者都不足以发现W粒子和Z粒子。原则上LEP能够发现这两种粒子,但这台机器直到1989年才建成并投入运行。费米实验室的加速器主环(Main Ring)可以把粒子加速到500千兆电子伏,却依然不足以发现W粒子和Z粒子。在理论上可以达到1万亿电子伏对撞能量的Tevatron当时还处于筹划之中。

物理学家没有耐心等下去了。“发现W粒子和Z粒子的压力如此之大,”在CERN工作的物理学家达里乌拉(Pierre Darriulat)回忆道,“以至于我们中的绝大多数人,甚至其中那些最有耐心的人,都对LEP工程漫长的设计、研制和建设时间很不满意。若能在较短的时间内查找到新玻色子(但愿所用的方法不是不恰当的),那将是极受欢迎的。”费米实验室的物理学家也逐渐失去了耐心。

大西洋两岸的物理学家需要做的事情是:搞明白怎样才能把他们现有的实验装置推向极致,达到至关重要的能量区域,以期发现W粒子和Z粒子。

一个可能的解决方案出现在20世纪60年代末期。原则上,有可能通过产生环绕加速器储存环相向而行的质子和反质子束流,把加速器转化成强子对撞机。然后可以让两条束流迎头对撞。一台质子-质子对撞机需要两个交叉环,质子束流以相反的方向在每个环内运动;但质子-反质子对撞可以被设计成只在一个储存环内实现，而且有可能获得两倍于最高加速器能量的对撞能量。

可是这并非易事。反质子是通过将高能质子与固定靶（比如铜板）碰撞而产生的。每产生一个反质子需要100万次这样的碰撞。更糟糕的是，所产生的反质子的能量范围很宽泛，宽泛到无法将它们纳入一个储存环的程度。只有很少一部分如此产生的反质子会注入储存环内，这极大地降低了反质子束流的强度和**亮度**（luminosity），后者是衡量束流所能导致的对撞次数的量。

为了使反质子束流的亮度大到足以成功地开展质子-反质子对撞机实验，要求反质子的能量以某种方式"聚焦"，并聚集在想要得到的束流能量之处。

幸运的是，荷兰物理学家范德梅尔（Simon van der Meer）已经想出了精确地聚焦束流能量的办法。1952年，范德梅尔毕业于代尔夫特理工大学工程学专业。他在1956年加盟CERN之前，曾在荷兰飞利浦电子公司工作了数年。在CERN工作以后，他成为加速器理论学家，主要致力于把基本理论应用于粒子加速器和对撞机的设计和运行。

范德梅尔曾在1968年利用ISR做过一些探索性的实验，但直到四年以后才就自己的研究成果发表了一篇内部报告。他如此缓慢的理由很简单：他孜孜以求的物理目标似乎多多少少显得有些疯狂。他在报告中写道："有关想法在当时看起来太过不切实际了，无凭无据，无从发表。"

范德梅尔在1968年所做的实验暗示人们，实际上有可能把反质子最初弥散的能量集中到一个更窄的能量范围，后者是将反质子束流规范在储存环内所必需的。相关的技术包括：使用"挑选"电极以检测出那些能量偏离了预期束流能量的反质子，并将信号传送到储存环另一边的"导向"电极，从而把这些粒子带回到正常的轨道。从挑选电极传至导向电极的信号就像牧羊人向牧羊犬发出的口哨指令。一旦收到指令，牧羊犬就会通过吼叫把迷途的羔羊带回正途，并护送羊群整整齐齐地进入羊圈。

范德梅尔把这一技术称作“随机冷却”（stochastic cooling）技术。英文单词stochastic就是“随机”的意思；冷却（cooling）针对的并不是束流的温度，而是含在束流中的粒子的随机运动和能量弥散。通过几百万次地反复实施随机冷却的过程，束流就会逐渐汇集于想得到的束流能量上。1974年，范德梅尔利用ISR对随机冷却技术做了进一步的测试。其结果并非很了不起，但足以表明随机冷却的原理是行之有效的。

与此同时，鲁比亚已经把自己在弱中性流的发现一事上败给CERN的物理学家的失望情绪抛到了脑后。鲁比亚是1959年在意大利的比萨高等师范学校获得博士学位的。他于1961年加入CERN，这之前他曾在哥伦比亚大学从事μ子物理学方面的研究。1970年，鲁比亚被授予了哈佛大学的教授职位，每年有一个学期的时间在那里度过，而其余的时间则回到CERN工作。他的环球旅行之举得到了回报：他那些身在哈佛的学生给他起了一个绰号，称他为“意大利航空公司教授”（Alitalia professor）。

鲁比亚也是一个固执、专一、雄心勃勃且极难共事的人*。他下定决心，绝不能在发现W粒子和Z粒子的竞赛中被打败。

鲁比亚和他的哈佛同事在1976年的年中向罗伯特·威尔逊提交了建议书，要将费米实验室的500千兆电子伏质子同步加速器转变成质子–反质子对撞机。罗伯特·威尔逊拒绝了他们的提议，他更愿意将自

* 韦尔特曼曾这样描述鲁比亚：“在他担任CERN的主任期间，他以每三周一次的频率更换秘书。这比第二次世界大战期间一艘潜艇或驱逐舰上的水兵的平均存活时间还要短……”参见韦尔特曼的科普著作《基本粒子物理学中的真相与秘密》（*Facts and Mysteries in Elementary Particle Physics*），第74页。

己的精力投入为Tevatron募集资助的事情上。在他看来，随机冷却技术成功的希望似乎很渺茫。假如它行不通，那么对于同步加速器而言就会失去可能很宝贵的时间。罗伯特·威尔逊同意建造一台耗资50万美元的小型机器，用以弄清楚随机冷却技术是否真的可行。

鲁比亚随即带着他的实验方案回到了CERN。当时CERN的主任是范霍夫（Leon van Hove），鲁比亚的方案从他那里得到了更为积极的反应。到了1978年6月，CERN对随机冷却技术的进一步检验给出了十分令人鼓舞的结果，而范霍夫也准备好了要冒一次险。这对CERN来说是一个发现新粒子的机会，而发现新粒子这样的科学成就数年来一直是美国实验设施的专利。此外，倘若范霍夫不同意鲁比亚的实验方案，那么鲁比亚很有可能会回到莱德曼的身边，当时莱德曼已经在罗伯特·威尔逊2月份辞职之后接管了费米实验室*。"最有可能的情况是，假如CERN不采纳鲁比亚的想法，他就会把它推销给费米实验室。"达里乌拉给出了这样的解释。

CERN向鲁比亚发出了放行的信号，要他组建一个以物理学家为成员的合作团队，着手设计复杂的探测器装置，这是发现W粒子和Z粒子所必需的。由于该装置将建在SPS附近，占用很大的挖掘面积，因此该合作组被称为"地下面积1"（Underground Area 1，简称UA1）合作组。合作组的队伍逐渐壮大，包括了大约130位物理学家。

CERN的决定做出之后，在达里乌拉的领导下，第二个独立的合作组UA2也在半年以后组建起来。这是一个规模较小的合作组，由大约

---

* 罗伯特·威尔逊在费米实验室的资金运作方面遇到了困难，灰心丧气地辞去了主任一职。后来的实际情况是，在当年的11月份全盘评估了有关的实验选项之后，莱德曼做出决断：把现有的设施用作质子-反质子对撞机的风险太大了。他还没有准备好像范霍夫那样赌一回，便决定利用他的影响力在新一轮的努力中确保Tevatron项目获得资助。

50位物理学家组成,意在与UA1展开友好的竞争。UA2的探测器装置没有那么复杂(比方说,它无法探测μ子),不过它仍然可以为UA1的发现提供独立的佐证。

270千兆电子伏的质子和反质子束流能量将会在SPS中结合起来,产生总能量为540千兆电子伏的对撞,远远超过让W粒子和Z粒子现身所需要的能量。

经过一番延期之后,UA1和UA2合作组最终从1982年10月开始取数。可以预期的是,能够产生W粒子和Z粒子的对撞事件会非常稀少,所以安排了两套探测器装置,为的是它们只对选择出来的对撞事件做出响应,而那些事件满足预先在程序中已设定好的判据。对撞机每秒钟会产生好几千次对撞,但历时两个月,也只能期望产生很少的W粒子和Z粒子事件。

设计好了的探测器装置能够识别那些与束流方向呈很大角度的高能电子或正电子的喷射事件。电子携带的能量约等于W粒子质量的一半,它们是$W^-$粒子衰变的信号。类似地,高能正电子是$W^+$粒子衰变的信号。所测得的初末态之间的能量不平衡(即参与对撞的粒子能量与那些从对撞中产生出来的粒子能量之差)则表明存在着反中微子和中微子的伴随产生,它们无法被直接探测到。

1983年1月初,初步的实验结果在罗马召开的一场研讨会上给出了。鲁比亚在会上显得有些一反常态地焦虑不安,他宣布了自己的实验结果。UA1合作组从所观测到的几十亿次对撞中确认了6个事件为W粒子衰变的候选者,而UA2合作组确认了4个W粒子衰变的候选者。虽然有些不确定,但鲁比亚坚信:"它们看起来很像W粒子,它们闻起来也很像W粒子,它们一定是W粒子。""他的报告非常激动人心,"莱德曼写道,"他有那种本事和技巧,以极其煽情的逻辑把他们的实验结果展示给听众。”

1983年1月20日,CERN的物理学家把报告厅挤满了,他们听取了鲁比亚代表UA1合作组和迪莱拉(Luigi Di Lella)代表UA2合作组所做的报告。新闻发布会是在1月25日举行的。UA2合作组更倾向于对实验结果暂不表态,但最终的结论即将唾手可得。W粒子被发现了,它们的质量很接近理论所预言的80千兆电子伏。

UA1合作组发现了质量约为95千兆电子伏的$Z^0$粒子的消息,是在1983年6月1日公布的。这一发现是基于对5个事件的观测,其中4个来自正负电子对的产生,1个来自μ子和反μ子对的产生。此时UA2合作组也积累了几个候选事件,但他们在将数据公之于众之前更倾向于等待进一步的实验运行结果。UA2合作组最终宣布了8个导致正负电子对产生的$Z^0$事件。

到了1983年年底,UA1和UA2合作组一共采集到大约100个$W^{\pm}$事件和十几个$Z^0$事件,显示出它们的质量分别约为81千兆电子伏和93千兆电子伏。

鲁比亚和范德梅尔分享了1984年的诺贝尔物理学奖。

这是一个漫长的旅程,它的出发点可以说是杨振宁和米尔斯完成于1954年的开创性工作,即以SU(2)群为基础、关于强作用力的量子场论。该理论预言了无质量的玻色子,后者曾激怒了泡利。施温格在1957年推测弱核力应由三个场粒子传递,而他的学生格拉肖随后提出了一个基于SU(2)群、关于弱作用力的杨-米尔斯场论,把这三个场粒子纳入了他的理论。

发现于1964年的希格斯机制揭示了这类无质量玻色子怎样才能获得质量。从1967年到1968年,温伯格和萨拉姆更进一步,将希格斯机制用于电弱对称性破缺。由此产生的理论在1971年被证明是可重正化的。弱作用力的传递者W粒子和Z粒子如今都被发现了,它们恰好是在理论所预期的地方被发现的。

W粒子和Z粒子的存在,以及它们的质量符合理论预期的事实,为基于SU(2)×U(1)群的电弱统一理论的正确性提供了强有力的证据。如果该理论是正确的,那么与一个无孔不入的能量场(即希格斯场)的相互作用就是造成弱作用力的传递者被赋予了质量的原因。倘若希格斯场存在,那么希格斯玻色子也一定存在。

但是,发现希格斯玻色子要借助于一台更为庞大的对撞机。

第八章

# 纵深远投

美国前总统里根(Ronald Reagan)力挺超级超导对撞机(Superconducting Supercollider),但是当六年后该项目被国会取消时,唯一留存下来的东西就是位于得克萨斯州的坑洞。

物理学家从他们研究电弱统一问题所积累的经验中学到的东西也可以用于研究更大的问题。电弱统一理论暗示:大爆炸(big bang)之后不久的某一时刻,宇宙的温度如此之高,以至于弱核力和电磁力是不可区分的。那时只存在一种由无质量的玻色子来传递的电弱力,充当弱核力和电磁力的替代品。

这就是所谓的“电弱时代”(electro-weak epoch)。随着宇宙的冷却,背景希格斯场“结晶”了,因而电弱力的更高规范对称性发生了破缺(或者更恰当地说,更高的规范对称性“隐藏”起来了)。无质量的电磁玻色子(即光子)继续在宇宙空间中畅行无阻,但是传递弱作用力的玻色子与希格斯场相互作用并获得了质量,成为W粒子和Z粒子。其结局是:在相互作用的强度和范围这两方面,弱作用力和电磁力如今显得截然不同了。

1974年,温伯格、美国理论物理学家乔赛(Howard Georgi)以及出生于澳大利亚的理论物理学家奎因(Helen Quinn)证明了粒子的上述三种相互作用力的强度在$10^{11}$—$10^{17}$千兆电子伏的能标处*近似相等。这些能标对应的温度约为$10^{28}$度,是大爆炸之后约$10^{-35}$秒时宇宙所处的能标或者温度。

在这个“大统一时代”(grand unification epoch),强核力和电弱力也是不可区分的,它们简并成为单一的“电核”(electro-nuclear)力。这种猜测似乎是合理的。所有相互作用力的传递者都相同,也不存在质量、电荷、夸克味(上、下等)或夸克色(红、绿、蓝)。打破这种更高的对称性需要更多的希格斯场,它们在更高的温度“结晶”,从而促使夸克、电子和中微子之间出现明显差异,也促使强核力和电弱力彼此泾渭分明。

这样一种大统一理论(grand unified theory,简称GUT)最早的例子之一是由格拉肖和乔赛于1974年提出来的**。该理论基于SU(5)对称群,格拉肖和乔赛声称它是“整个世界的规范群”。更高的对称性导致了一个后果:所有的基本粒子都只不过是互为表里而已。在格拉肖和乔赛的理论中,夸克和轻子之间的转化现在成为可能。这意味着质子内部的夸克可能会转化为轻子。“于是我意识到,这使得作为原子基本组分的质子不再稳定,”乔赛说,“当时我变得非常沮丧,然后就上床睡觉了。”

由于大统一只会出现在地球上的任何对撞机都永远无法触及的能标处,人们或许会忍不住质疑这样的理论到底有何价值。然而,大统一理论预言了新粒子的存在,后者原则上可以在对撞实验中现身。而且,尽管大统一时代早在100多亿年前就已经结束了,但它给宇宙留下了我们今天可以观测到的永恒印记。

---

* 较新的估算将该能标限制在了$2\times10^{14}$千兆电子伏附近的区域。

** 虽然“大”而且“统一”,但GUT理论并没有试图把引力也包括进来。将所有四种相互作用都统一起来的理论通常被称为“万能理论”(Theories of Everything,简称TOEs)。

图8.1 古思(生于1947年)

这至少是年轻的美国物理学博士后古思(Alan Guth)所遵循的逻辑。他坚持认为,大统一理论所预言的新粒子中也包括“磁单极子”(magnetic monopole),即“磁荷”(magnetic charge)的单一个体,等价于孤立的北极或南极。1979年5月,他开始与华裔美国博士后戴自海一道工作,以确定大爆炸所产生的磁单极子的数目。他们的使命是想要解释:如果磁单极子的确是在早期宇宙中形成的,那么为什么今天看不见它们了?

古思和戴自海意识到,他们有可能通过改变从大统一时代到电弱统一时代的相变的性质来抑制磁单极子的形成。这其实是利用与大统一模型有关的希格斯场的性质做文章。他们发现,假如宇宙在相变温度时经历的并不是一个平稳的相变或“结晶”,而是经历了**过度冷却**(supercooling)的过程,那么磁单极子就会消失。在这一方案中,温度下降得如此之快,以至于宇宙在其温度远低于相变温度时依旧处在大统一的状态*。

1979年12月,古思研究了过度冷却之初更广泛的效应,发现过度冷却机制预言了一个时空以高指数膨胀的时期。他起初对这一结果感到相当困惑,不过他很快就意识到这种急剧膨胀可以解释可观测宇宙的重要特征,而最流行的大爆炸宇宙学却做不到这一点。“我不记得自己是否曾经试图为这种急剧膨胀的奇特现象起一个名称,”古思后来写道,“但我的日记显示,到了12月底我已经开始称之为**暴胀**(inflation)了。”

---

* 液态水可以过度冷却到冰点以下-40摄氏度的温度。

人们利用希格斯场的性质进一步做文章，在大统一时代结束之时使对称性发生破缺，这在很大程度上导致了暴胀宇宙学的某些改进。这些早期理论预言了过分的均匀性(uniformity)，暗示了一个相当乏味、没有结构的宇宙：没有恒星，也没有行星，或者说没有星系。宇宙学家开始认识到，就所观测到的宇宙结构而言，其种子必定来自早期宇宙的量子涨落，后者被暴胀放大和增强了。但是暴胀要求希格斯场应该具有的性质与格拉肖-乔寨的大统一理论中的希格斯场并不相容。

到了20世纪80年代初期，实验结果无论如何都证实了质子要比乔寨和格拉肖的理论所暗示的更稳定*。不再受限于粒子物理学的理论，宇宙学家就自由了，他们可以通过进一步调节希格斯场来使自己的理论与可观测宇宙相符合，而相应的希格斯场被统称为**暴胀子**(inflaton)场，以强调其重要性。令人惊奇的是，他们的预言在1992年4月被宇宙背景探测器(Cosmic Background Explorer，简称COBE)的观测结果证实了！该探测器绘制出了宇宙微波背景辐射温度的微小变化，而微波背景辐射本身是大爆炸之后大约40万年时与物质相脱离的热辐射的冷残留物**。

布劳特和昂格勒，希格斯以及古尔拉尼克、哈根和基布尔发明了希格斯场，把它作为破缺那些与杨-米尔斯量子场论相关的对称性的手

---

* 这些实验涉及从屏蔽掉了宇宙线影响的大量质子中寻找单个质子衰变的事件。正如鲁比亚所解释的那样：“……只要把半打的学生安置到地下几千米处看守一个大水池，时间长达五年之久即可。”引自沃伊特的著作《甚至没有错》(*Not Even Wrong*)，古典书局，伦敦，2007年，第104页。

** 这些微小的温度变化后来被威尔金森微波各向异性探测器(Wilkinson Microwave Anisotropy Probe，简称WMAP)测量得更加精细。2003年2月、2006年3月、2008年2月和2010年1月，WMAP报道出来的结果帮助证实和细化了宇宙的标准模型，即所谓的ΛCDM(Λ-冷暗物质)模型，其中暴胀起了决定性的作用。根据WMAP的最新数据，宇宙的年龄为137.5 ± 1.1亿年。

段。温伯格和萨拉姆阐明了怎样才能把该技巧应用于电弱对称性破缺，而且他们使用这种方法正确地预言了W粒子和Z粒子的质量。相同的技巧后来被用于破缺电核力的对称性。这一技巧有一些令人惊讶的后果，导致了暴胀宇宙学的发现，以及对宇宙大尺度结构的精确预言。

希格斯场的整个理论观念及其所包含的虚假真空已经成为粒子物理学标准模型和即将形成的大爆炸宇宙学标准模型的核心。这些希格斯场存在吗？只有一条途径得以探明它们存在与否。

大统一希格斯场所衍生的希格斯玻色子拥有巨大的质量，它们绝不可能在地球上的对撞机上产生出来。然而，尽管难以确切地预言最初的电弱统一理论中的希格斯场所衍生的希格斯玻色子的质量，但是到了20世纪80年代中期，人们相信该粒子一定可以在下一代的对撞机上被发现。

令当时的美国粒子物理学家依旧伤心不已的是：在那场发现W粒子和Z粒子的竞争中，他们被欧洲对手击败了。1983年6月，《纽约时报》的一篇社论宣称“欧洲发现了三个玻色子，而美国甚至连$Z^0$都没发现”，并且声称欧洲物理学家目前在发现大自然的基本组分的赛跑中一路领先。美国物理学家准备寻机雪耻，他们决心要在美国的实验设施上发现希格斯玻色子。

1983年7月3日，费米实验室的Tevatron开始运行。它的储存环长达6千米，开机后只需要12个小时就可以达到512千兆电子伏的设计能量。通过对撞质子和反质子，Tevatron有望产生1万亿电子伏的对撞能量。该机器耗资1.2亿美元。当时布鲁克黑文正在兴建一台新的、400千兆电子伏的质子-质子对撞机（简称ISABELLE），它在Tevatron已经建成的情况下被断定已经过时了。于是当年的7月份，美国能源部所属的高能物理咨询委员会取消了ISABELLE项目。

在CERN这边，LEP对撞机的基建工作即将开始。它被容纳在27千米长的环中，位于法国与瑞士的边界大约180米的地下，正负电子束流将在四个地方相交对撞。这台机器成为欧洲最大的土木工程项目。不过LEP旨在成为W粒子和Z粒子的工厂，用于改善和细化我们对于这几种新粒子的理解，并且寻找仍未被发现的顶夸克。它并不是一台寻找希格斯粒子的加速器。

Tevatron有可能为我们提供一睹希格斯玻色子的机会，但是它并不能保证做到这一点。是到了考虑大装置的时候了。莱德曼早前曾经建议过一个向前大跨越的方案：基于超导磁铁的使用，建造一台超大规模的质子-质子对撞机，使之能够将对撞能量提升到40万亿电子伏。他称这台对撞机为“Desertron”，不仅因为需要把它建在平坦开阔的沙漠中，还因为它将是唯一能够横跨“能量沙漠”（energy desert）的机器。能量沙漠是大统一理论所预言的能量鸿沟，介于普朗克（引力）能标和费米（电弱统一）能标之间，其中不存在有趣的新物理现象。Desertron方案随后发展成为“非常大对撞机”（Very Big Accelerator，简称VBA）方案。取消了ISABELLE项目之后，咨询委员会此刻力促政府优先考虑VBA项目，后者很快更名为超导超级对撞机（简称SSC）。

SSC的设计在1986年年底完成了。它的造价预算为44亿美元，不容置疑地跻身美国科学项目的“大款俱乐部”，需要得到总统的批准。有关部门请莱德曼为里根总统准备一段10分钟的视频短片，供他评估。莱德曼将探索粒子物理学的未知领域与美国西部大开发作了直接类比，利用这一机会向里根展示在科学前沿拥有开拓精神是何等的重要。

1987年1月，在白宫的一场听证会上，关于SSC的正式提案送到了里根总统及其内阁的面前。支持和反对此项投资的辩论反复交锋，不相上下。里根的预算主管辩称：一旦批准该项目的话，除了能使一伙物理学家喜笑颜开之外，所取得的成果将很有限。里根回答说这是他或许应该考虑的问题,因为他曾经让自己的中学物理老师很不高兴。

随着辩论逐渐平息下来,注意力都转向了里根,等待他的最后决定。里根大声朗读了美国作家杰克·伦敦(Jack London)的一段文字:“我宁愿自己的生命火花能以熊熊烈焰之势燃烧殆尽,而不是在干枯腐烂中窒息而灭。”他解释说,有人曾对橄榄球四分卫运动员斯特布勒(Ken Stabler,外号“大蛇”)复述过这些话。1977年,斯特布勒带领奥克兰突袭者队(Oakland Raiders)取得了美国橄榄球超级碗大赛的胜利,并以传球的精准和他的“幽灵到位”(Ghost to the Post)而著称。“幽灵到位”指的是38米传球,由斯特布勒传给外号“幽灵”的卡斯珀(Dave Casper)。在一场由美国橄榄球联合会(AFC)举办的决赛中,奥克兰突袭者队对阵巴尔的摩小马队(Baltimore Colts),在比赛即将结束时前者利用“幽灵到位”追平了比分。这一得分使这场比赛进入加时赛,最终突袭者队胜出,获得了冠军。

斯特布勒依据自己对美国橄榄球的理解诠释了杰克·伦敦的语录。“纵深远投(Throw deep)。”斯特布勒如是说。在面对逆境的时候,最好采取更冒险的策略,以熊熊烈焰之势燃烧殆尽。

里根在1964年投身政界之前是美国小成本电影的坚定支持者。他在1940年的《克努特·罗克尼,所有美国人》(*Knute Rockne, All American*)一片中出演大学橄榄球运动员乔治·吉普(George Gipp),获得了“吉普人”(Gipper)的绰号。吉普在25岁那年死于咽喉感染,而电影中有一句名言:“乔治对我说的最后一句话是,‘罗克,’他说,‘有时当运动队面临困境,而暂停正折磨着毛头小伙子们时,请告诉他们上场,带上他们拥有的所有勇气,为了吉普人而赢一场。’”

毫无疑问,里根对SSC的理念有着深刻的心理共鸣。他已经陶醉于自己的承诺,即科学能够以“战略防御计划”(Strategic Defense Initiative,简称SDI,也称为“星球大战计划”)的形式为美国提供最后一道防线。此时此刻，为了美国的科学领导地位，他十分乐意上场，带上他们拥有的所有勇气。吉普人准备好了纵深远投。

SSC项目获得了批准，但却被种种质疑所困扰。美国能源部以自己的定调解释了SSC将会怎样成为一项国际性的事业，会得到来自其他国家的财政资助。不过美国物理学家的花言巧语削弱了这种意图。为什么其他国家要支持一个公然企图恢复美国在高能物理学界领导地位的项目？欧洲无论如何要坚定不移地承担起CERN的义务。SSC项目在海外无法引起人们的兴趣，也就不足为怪了。

对SSC项目的不满也在美国物理学界内部与日俱增，而这种不满情绪此刻蔓延和激化为对抗。以如此高昂的代价寻找希格斯玻色子，我们正在牺牲的究竟是什么东西呢？还有许多其他项目，单个算起来的花费都比SSC项目要小得多，却更有可能提供具有潜在价值的技术进步。美国物理学研究的经费预算无法支持所有这些项目和SSC，而这些项目现在看来处于极其危险的境地。难道高能物理学真的比其他科学领域贵重1000倍吗？

“大科学”成了一个贬义词。

只要新的对撞机建在哪里的问题还是个未知数，众议院和参议院对SSC的支持就不变。美国科学院和工程院从25个州共收到了43份建议书。得克萨斯州政府建立了一个委员会，并承诺10亿美元的资助，前提是SSC要建在它的管辖区域之内。也许把新的对撞机建在费米实验室更合适，那里有很多现成的基础设施，还有很多现成的、SSC实验所需要的物理学家。可是到了1988年的11月，美国科学院和工程院决定将SSC建在一个白垩纪时期的地质构造区，后者叫作奥斯汀白垩层，位于先前盛产棉花的埃利斯县得克萨斯牧场的地下深处。

里根的副总统、得克萨斯人乔治·布什(George Bush)在上述决定公布之前的两天接任里根成为总统。没有迹象表明美国科学院和工程院的决定存在任何偏见，但布什成为SSC项目的强烈支持者。然而，既然该项目地点已经确定，来自其他州众议员和参议员的支持也开始消失了。

物理学家为了从国会获得经费，不得不继续与政府较量。因此每次进行该项目的评审时，他们都被叫到国会去作证。同时，随着工程师开始更清楚地领会到建造巨大的环状超导磁铁意味着什么，经费预算快速增长起来。到了资金下拨开始基建的1990年，经费预算几乎增加了一倍，达到80亿美元。

工程人员在奥斯汀白垩层开凿试验坑洞，并在沃克西哈奇附近建造了一些基础设施。沃克西哈奇处在占地6880公顷的工程用地的一边，那块地已经被得克萨斯州政府预留下来作为本项目之用。为了开发和测试磁铁，相关的实验室也建成了。大型构件被装配起来以容纳制冷装置，为的是产生液氦并使之循环。液氦是保持磁铁处于超导温度所必需的。

物理学家和工程师组建了两个探测器合作组。螺线管探测器合作组（Solenoidal Detector Collaboration，简称SDC）是由全世界100多个不同研究机构的1000名物理学家和工程师组成的。SDC将是一个多用途的探测器，耗资5亿美元。科学家希望该探测器在1999年年底之前开始采集数据。GEM（γ射线、电子和μ子的字头缩写）合作组的规模与SDC合作组相当，将与SDC构成竞争之势。

许多物理学家冒了风险，要么暂时放下目前的工作休假一段时间，要么完全辞掉自己的工作搬迁调动，加入到SSC项目中来。总共大约2000人汇集到沃克西哈奇及其周边地区。对于不熟悉SSC政治的局外人而言，这一切活动肯定是令人相当放心的。实验室正在建造之中，地下坑洞正在开掘之中，人员正在成群结队地汇集之中……

可是也存在其他不吉利的征兆。美国政府正在与早已巨大的、不断增长的财政预算赤字作斗争。1992年1月，布什总统在访问日本之行后两手空空地回到美国：日本人坚持认为SSC并不是一个国际项目，因此他们不愿意花钱支持它。有关“大科学”的非议甚嚣尘上。到了6月，众议院投票赞成联邦预算的修正案，将关闭SSC工程项目。通过参议院的干预，该项目得以幸存下来。

悲观沮丧的气氛开始逐渐笼罩着SSC项目，这一点也反映在温伯格出版于1993年的畅销书《终极理论之梦》(*Dreams of a Final Theory*)中。他写道：

> 尽管所有的建造和挖掘工作都在进行，但我知道对该项目的资助很可能会终止。我能够想象，试验坑洞或许会被填上，而磁铁大楼或许最后只剩下一座空房，伴随着几个农场主的浅淡记忆，为一个曾经计划在埃利斯县建造的、规模宏大的科学实验室作证。也许我处在赫胥黎(Thomas Huxley)所谓的维多利亚时代的乐观主义咒语之下，可是我无法相信这种情况将会发生；或者说，在我们所处的时代，人们将会放弃寻找大自然的终极定律。

在莱德曼出版于同一年、更具堂吉诃德风格的《上帝粒子》(*The God Particle*)*一书中，他本人从与希腊哲学家德谟克利特亲切闲谈的梦中猛然惊醒：

> “胡说。”我回到家里，东倒西歪地把埋在论文中的头抬起来。我注意到一则新闻标题的复印件：国会资助超级对撞机大成问题。我那台电脑的调制调解器嘟嘟作响，一封电子邮

* 莱德曼在本书中首次将希格斯粒子称作“上帝粒子”。随后“上帝粒子”家喻户晓，成为希格斯玻色子的代名词。该书中译本已于2003年由上海科技教育出版社出版。——译者

件信息正"邀请"我去华盛顿参加有关SSC的参议院听证会。

克林顿(Bill Clinton)赢得了1992年11月的总统选举,他击败了乔治·布什和独立参选人佩罗(Ross Perot),佩罗是得克萨斯州的商人。到了1993年6月,SSC的经费预算已经增至110亿美元,因此众议院再次投票反对该项目。正如SSC项目的副主任拉斐尔·卡斯帕尔(Raphael Kasper)所评论的那样:"投票反对SSC在某种程度上成为承担财政责任的象征。这儿有一个昂贵的项目,你可以投票反对它。"

克林顿对SSC项目大体上持鼓励的态度,但是不如里根和乔治·布什的立场那么坚定。此时该项目的竞争对手隐约出现了,它是一个250亿美元的计划,旨在建造国际空间站。这一项目也将以位于得克萨斯州休斯敦的美国宇航局约翰逊空间中心(NASA's Johnson Space Center)为基地。

1993年9月,温伯格、里克特和莱德曼做了最后尝试,以巩固对SSC项目的支持。英国物理学家霍金(Stephen Hawking)通过视频录像发送了支持SSC的消息。这一切都徒劳无功。

1993年10月,众议院投票表决,勉强赞成国际空间站项目(支持者仅比反对者多出一票)。第二天,众议院以二比一的投票结果反对SSC项目。这一次不会再有"缓期执行"的可能性了。分配下来的资金用于封存那些已建成的装置。当时已经挖掘出了23千米长的隧道,耗资20亿美元(见图8.2),但是此刻不再有维多利亚时代的乐观主义能够让该项目继续存活下去。SSC死掉了。

作家沃克(Herman Wouk)是普利策奖的得主,他基于SSC事件的经历创作了一篇小说。在《得克萨斯的坑洞》(*A Hole in Texas*)开篇的作者附言中,沃克说:

> 自从提出原子弹和氢弹的想法以来,[粒子物理学家]一

直是国会娇生惯养的宠儿。但是所有这一切突如其来地结束了。他们探索希格斯玻色子的行动流产了,唯一残留下来的就是得克萨斯的坑洞,一个巨大的、被遗弃的坑洞。

它依然在那儿。

1994年12月16日,距离SSC被取消后一年多一点,CERN的各成员国投票决定,在未来20年内拨款150亿美元,用于LEP的升级改造,并在它的使用寿命结束时把它变成质子-质子对撞机。早在10年前,即1984年3月,在瑞士洛桑召开的CERN专题研讨会上,科学家第一次讨论了大型强子对撞机(Large Hadron Collider,简称LHC)的想法。它将产生高达14万亿电子伏的对撞能量,不足SSC最高能量的一半,但发现希格斯粒子却绰绰有余。

鲁比亚宣称,CERN将“用超导磁铁铺设LEP的隧道”。

图8.2　当SSC项目在1993年10月被美国国会取消时,已经花掉了20亿美元,并在得克萨斯牧场的地下挖掘了一条23千米长的隧道。[图片来源:SSC科学与技术电子博物馆(SSC Scientific and Technical Electronic Repository)]

第九章

# 梦幻般的时刻

物理学家用英国政治家听得懂的语言解释了希格斯粒子;在CERN发现了存在希格斯粒子的迹象;大型强子对撞机开始运行,而后又被迫关机。

SSC是一场豪赌,而物理学家输了。最终导致美国SSC项目被取消的不满之声开始在欧洲浮出水面。CERN受益于一个事实:没有哪一个国家单独为它买单。但是各个成员国对它们捐助CERN的资金数量却抱怨颇多,而这有可能转化成撤销资助的决定。1993年4月,就在美国众议院最终决定取消SSC项目的六个月前,英国科技大臣沃尔德格雷夫(William Waldegrave)向英国高能物理学界发出了挑战。

沃尔德格雷夫的挑战预示着梅杰(John Major)首相所领导的保守党政府在科技政策上的重大转变。一个月后即将发表的政府白皮书表明,梅杰政府试图把科技政策的侧重点转移到创新上来,其终极目标在于提升财富创造的能力和提高英国国民的生活质量。换句话说,英国科学研究的目的是为英国经济服务,是为了“英国公共有限公司”(UK plc)的利益。针对英国科学和技术的政府资助机构将要接受全面的检查。

这些都是不祥的迹象。当时英国仍处在全球经济衰退的恢复期,那场经济衰退是由1987年10月的股市崩盘所引发的。因此,英国几乎无力向CERN支付每年5500万英镑的捐款。物理学家可以强调许多从

CERN得来的附带发展成果，比方说加入互联网“超文本”(hypertext)检索系统的项目，而互联网的创建使伯纳斯-李(Tim Berners-Lee)在1990年发明了覆盖全球的万维网(world wide web)。但对他们来说，困难或许在于解释清楚一件事：希格斯玻色子的发现将会如何直接提升财富创造的能力和提高英国国民的生活质量。

幸运的是，英国政府还没有要求物理学家提供如此这般的解释。不过沃尔德格雷夫把话说得很清楚，物理学家必须把一件事情做得好上加好：明确解释他们正全力以赴进行的科学研究到底是在做什么。

这个被称作希格斯玻色子的粒子究竟是什么东西？它为什么如此重要，以至于要花费几十亿美元，只是为了找到它？“假如你们能够帮我弄明白这一点，我将有更大的机会帮助你们搞到钱，以找到希格斯粒子。”沃尔德格雷夫在英国物理学会的一次年会上对听众说。他告诉他们，如果有人可以在一页纸上用简单的英语解释清楚希格斯粒子到底有什么值得大惊小怪的，那么他愿意奖励这个人一瓶香槟酒。

当然，人们大惊小怪的是希格斯场在标准模型的结构中所起的核心作用。没有希格斯场，就不可能存在电弱对称性破缺*。没有对称性破缺，W粒子和Z粒子就会像光子一样没有质量，那么电弱作用力就依然是一元化的。没有基本粒子和希格斯场之间的相互作用，就不会存在质量：就不会有物质，就不会有恒星，就不会有行星，就不会有生命。而这种场存在的直接证据只能来自发现它的场粒子，即希格斯玻色子。一旦找到了希格斯玻色子，我们就会在突然之间明白很多有关物质世界之真谛的事情。

---

* 严格地讲，这种说法不是很正确。有一类“彩色”理论引进了额外的强作用力，后者也可以导致电弱对称性破缺。这些理论也能够解释W粒子和Z粒子的质量，但却无法正确地预言夸克质量。由于这个原因，人们更偏爱希格斯机制。(本书作者与温伯格的私人通信，2011年2月24日。)

用政治家能够听明白的语言解释希格斯机制，这需要一种简单的类比。伦敦大学学院的粒子物理学和天文学教授米勒(David Miller)相信，他已经找到了这样一种类比。经过一番图文并茂的装点，他认为自己可以利用沃尔德格雷夫对一位具有非凡个性的政治家的切身体验来使自己的解释鲜活生动，那位政治家就是直到最近还主导着英国政坛的前首相玛格丽特·撒切尔(Margaret Thatcher)。米勒写道：

> 设想一个由党务人员举办的鸡尾酒会，这些人均匀地分布在房间里面，都在和自己身边的人交谈。前任首相撒切尔夫人走进来并穿过房间。她周围所有的工作人员都被她牢牢地吸引住了，并聚集在她的身边。当她移动脚步时，她会对那些她所走近的人产生吸引力，而那些她所远离的人则恢复到彼此保持适当距离的状态。由于一群人总是聚集在她的身边，她获得了一个比处于正常状态时更大的质量；也就是说，如果以相同步行速度穿过房间，她此时比处于正常状态时具有更大的动量。一旦动起来，她就更难停下来；而一旦停下来，她要再动起来就更难了，因为人们不得不重新开始聚集在她身边的过程。希格斯机制就是这样一种情形，它发生在三维物理空间中，并具有相对论的错综复杂性。
>
> 为了给出粒子质量，物理学家发明了一种背景场，当粒子在其中穿行时，它会发生局部形变。场在粒子周围聚集所引发的形变，产生了粒子的质量。这种想法直接来自固体物理学。与弥漫于整个空间的场不同，一块固体的内部是带正电荷的晶体原子所构成的点阵。当电子在点阵中穿行时，原子被吸引到电子周围，使得电子的有效质量大于自由电子的质量达40倍之多。

假想的希格斯场在真空中就像一种弥漫于整个宇宙的假想晶格。我们需要它，否则就无法解释为什么传递弱相互作用的Z粒子和W粒子如此之重，而传递电磁力的光子是无质量的。

这就描述了一种机制，其中无质量的粒子（在上面的比喻中化身为撒切尔夫人）与希格斯场（相当于党务人员的均匀分布）相互作用，因此获得了质量，如图9.1所示。为了解释希格斯玻色子，米勒继续写道：

图9.1　米勒在他的获奖作品中用于解释希格斯机制的漫画。当玛格丽特·撒切尔穿过由党务人员所组成的“场”时，场在她的身边聚集，因此她前进的步伐慢下来。这一点等同于她获得了质量。（图片来源与版权所有：CERN）

现在假定有谣言在房间里传播,而房间里满是均匀分布的政治人士。那些靠近门口的人先听到了谣言,他们聚集在一起打探谣言的细节,然后转身走近自己身边那些也想了解到底是怎么回事的人。这些人奔走相告,像波一样在房间中传播。它也许会弥漫到各个角落,或者形成一个致密的消息载体,沿着站成排的党务人员传播,从门口到房间另一边的某位达官显贵。鉴于此消息是由聚集的人群传播的,又鉴于人群的聚集给予了前任首相额外的质量,那么传递谣言的人群也拥有质量。

物理学家预言,希格斯玻色子就是希格斯场中一个如此这般的聚集物。倘若我们确实看到了希格斯粒子本身,我们就会觉得更容易相信希格斯场的存在,也更容易相信赋予其他粒子以质量的希格斯机制是正确的。这一点也可以在固体物理学中找到类比。晶格可以传递聚集的波,而无须电子做运动和吸引原子。这些波表现得就好像它们是粒子一样。它们叫作声子(phonon),而且它们也是玻色子。希格斯机制是有可能存在的,遍布全宇宙的希格斯场也是有可能存在的,除非希格斯玻色子是不存在的。下一代的对撞机将会解决这个问题。

图9.2形象地说明了上述观点。

沃尔德格雷夫收到了117份作品,这本身就预示着物理学家寻求政府资助的项目的重要性。他选出了五位获奖者,但米勒的作品被物理学界公认为是最好的。米勒按时领取了属于自己的那瓶凯歌香槟,不过他似乎没有品尝到它的美味。“我妻子和她的妹妹,还有我儿子的女朋友,把香槟酒喝了。”米勒解释道。

图9.2　希格斯玻色子就好像是一个被人细语轻声地散布出来的谣言，穿过由党务人员组成的“场”。当场聚集在一起倾听谣言时，一个局域化了的“粒子”就形成了，然后它会在房间里面传播。(图片来源与版权所有：CERN)

尽管经济情况颇为拮据，英国政府还是坚持兑现了它向CERN所做的资助承诺*。

---

* 准确地说，2011年英国对CERN的资助为后者总预算的15%，合计1.09亿英镑(即1.74亿美元)，平摊到每个英国公民头上，每人每年捐了不到2英镑。“那简直微不足道，”ATLAS合作组的物理学家和电视节目主持人考克斯(Brian Cox)说，“事实上，我们花在不重要的事情上的钱要比花在LHC上的钱多得多。”[《星期日泰晤士报》(*Sunday Times*)，2011年2月27日。]

尽管寻找希格斯粒子的努力暂时停止了，但是还有几个别的标准模型粒子有待发现。1995年3月2日，费米实验室的物理学家终于宣布他们发现了顶夸克。这一发现是由两个相互竞争的研究团队完成的，每个研究团队由大约400位物理学家组成。顶夸克是通过它的衰变产物被确定的。高能质子和反质子的对撞产生顶夸克和反顶夸克对，其中顶夸克（或反顶夸克）衰变成底夸克（或反底夸克）和$W^+$粒子（或$W^-$粒子）。接着$W^-$粒子衰变成μ子和μ子型反中微子，而$W^+$粒子衰变成上夸克和反下夸克*。质子-反质子对撞的最终结果是产生了μ子和μ子型反中微子，以及四个夸克喷注。物理学家发现，顶夸克的质量高达令人吃惊的175千兆电子伏，几乎比它的第三代伙伴底夸克重40倍。

除了希格斯玻色子以外，唯一还有待被发现的其他粒子就是τ子型中微子。五年之后的2000年7月20日，费米实验室宣布了τ子型中微子的发现。此时可以描绘出一种夸克味转变成另一种夸克味的弱相互作用序列，如图9.3所示**。

Tevatron或LEP可能会发现希格斯玻色子的希望依然存在，而且这些机器的潜力此时已被发挥到了极致。问题在于无论如何也预言不出希格斯玻色子的质量。不像寻找W粒子和Z粒子那么简单，物理学家不太清楚到哪里去寻找希格斯粒子。

大家的共识是，希格斯粒子的质量处在100—250千兆电子伏。物理学家将通过希格斯粒子的衰变道来探测它的存在，并认为相关的衰变道包括：与顶夸克和底夸克相关联的底夸克-反底夸克对、高能双光子、Z粒子对、W粒子对，以及τ轻子对。Z粒子对将转而衰变成四个轻子（电子、μ子，以及相应的中微子）。

LEP被证明是一台强有力的、多用途的加速器，但是它已经走到了

---

* 原著在此处的表述有误，已更正。——译者

** 原著此图示及其表述在物理上有严重问题，已更正。——译者

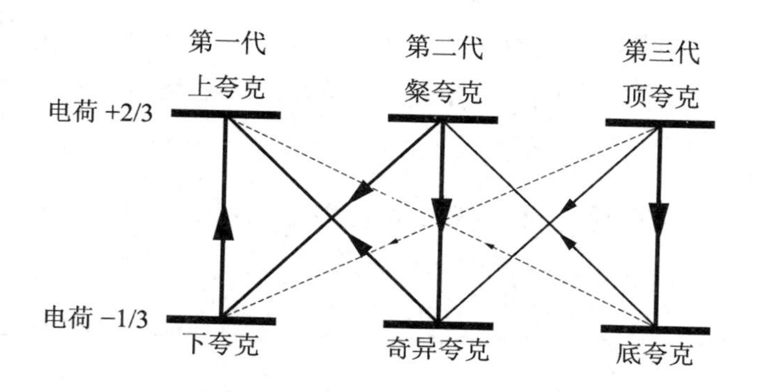


图9.3 最主要的夸克“味改变”弱衰变道包括：“下夸克→上夸克”、“粲夸克→奇异夸克”和“顶夸克→底夸克”（粗体实线）；次一级的衰变道为“奇异夸克→上夸克”和“粲夸克→下夸克”（次粗体实线）；更次一级的衰变道为“顶夸克→奇异夸克”和“底夸克→粲夸克”（实线）；最弱的衰变道则为“顶夸克→下夸克”和“底夸克→上夸克”（虚线）。朝上的跃迁与$W^-$粒子的放射有关，而$W^-$粒子会衰变成一个轻子（比如电子）及其相应的反中微子。朝下的跃迁与$W^+$粒子的放射有关，而$W^+$粒子会衰变成一个反轻子（比如正电子）及其相应的中微子

其使用寿命的尽头，预期在2000年9月退役。为了发现希格斯粒子，CERN的物理学家做了最后尝试，把LEP的能力发挥到远远超过其极限的程度。1989年8月，LEP达到了它的设计束流能量45千兆电子伏（产生90千兆电子伏的正负电子对撞能量）。各种升级工作将它的对撞能量提高到170千兆电子伏，达到了产生W粒子对的能力。2000年夏天，对LEP的进一步改进使它的对撞能量达到了200千兆电子伏以上。

2000年6月15日那天，CERN的物理学家康斯坦丁尼迪斯（Nikos Konstantinidis）研究了前一天被ALEPH探测器*所记录下来的一个事件。它以四夸克喷注为特征，其中两个喷注来自Z粒子的衰变。另外两个喷注似乎来自一个较重粒子的衰变，其质量处在114千兆电子伏的量级。

* ALEPH指的是Apparatus for LEP Physics（即“LEP物理学仪器”的意思）。

人们普遍认为该事件看起来与希格斯玻色子很像。

当然，单一事件构不成一个发现，但是很快又发现两个被ALEPH探测器记录下来的事件，以及两个被DELPHI探测器*记录下来的事件。DELPHI是LEP的第二个探测器合作组。这依然不足以宣称是一个发现，但却足以劝说当时的CERN主任马亚尼将LEP的运行维持到11月2日。名为L3的第三个探测器记录到了一个不同类型的事件，它看起来与希格斯粒子衰变成Z粒子有关，而后者随即衰变成两个中微子。CERN似乎处在了自希格斯玻色子于1964年被发明以来高能物理学领域最重要的发现之一的前夜。

此时CERN的物理学家力求维持LEP再运行6个月。马亚尼看来好像倾向于同意这一请求，但是在与他的资深科研人员召开了一系列会议之后，深思熟虑的他最后得出结论：目前的证据不足以说明对LHC的建造进行可能的推迟是合理的。时间拖延太久的话，从LEP到LHC的转变就不会优雅自如、胜券在握。为了建造LHC，将不得不完全清空容纳LEP的隧道。马亚尼觉得，除了关闭LEP，他别无选择。CERN的全体员工通过新闻公报得知了这一决定。

许多物理学家相信，他们近乎做出了一个极为重要的发现，而马亚尼掌控局势的方式给人们留下了不愉快的记忆。然而，当对上述对撞事件做进一步的仔细检查时，它们的确是希格斯玻色子的真实信号的可能性却大打折扣。“我理解那些觉得希格斯玻色子对他们来说已经是胜券在握的人所心怀的沮丧和伤感，”马亚尼在2001年2月写道，“而且我担心也许要在数年之后他们的工作才能被证实。”

物理学家唯一能够做出的结论就是希格斯玻色子一定比114.4千兆电子伏还重，其质量有可能处在115.6千兆电子伏左右。

---

* DELPHI指的是Detector with Lepton, Photon and Hadron Identification（即“识别轻子、光子和强子的探测器”的意思）。

随着顶夸克和$\tau$子型中微子的发现,针对组成标准模型的基本粒子的收集工作几乎快完成了。物理学家面临着崭新的境地:现在没有不符合理论预期的实验数据。然而,依然还有很多事情要理论学家来做。

标准模型从其开端就显现出令人烦恼的深层次的瑕疵。该模型不得不容纳其数量令人深感不安的"基本"粒子。这些粒子在一个需要20个参量的理论框架中被联系在一起。物理学家无法从理论本身推导出这些参量,它们必须通过实验来测量。在这20个参量中,12个用于确定夸克和轻子的质量,3个用于确定这些粒子之间相互作用力的强度。

于是希格斯玻色子本身的质量就出了问题。希格斯粒子可以通过所谓的"圈修正"(loop correction)获得质量,这种修正考虑到了希格斯粒子与虚粒子的相互作用。圈修正与诸如虚顶夸克等较重的粒子有关,所给予希格斯粒子的质量要比它按照要求破缺电弱对称性所能得到的质量大得多*。结果造成了理论所预言的弱作用力要比它实际的强度弱得多。这种现象被称为"等级问题"**。

而且,尽管格拉肖、温伯格和萨拉姆最终成功地将弱作用力和电磁力结合在一起,但组成标准模型的SU(3)×SU(2)×U(1)杨-米尔斯场论结构还远远不是一个完全统一的关于粒子相互作用力的理论。

---

* 希格斯粒子直接通过电弱对称性破缺所获得的质量通常叫作树图质量或者"裸质量"(bare mass),而通过圈修正所获得的质量是一种量子效应。——译者

** 更具体地说,等级问题关注的是为什么希格斯粒子的质量(约为$10^2$千兆电子伏的量级)远远小于普朗克质量(约为$10^{19}$千兆电子伏的量级),或者为什么描述弱作用力强度的费米常量远远大于描述引力强度的牛顿常量。在标准模型中,普朗克质量可以通过圈修正对希格斯粒子的质量作出贡献,使得后者远远大于其实验测量值,除非在量子修正项和"裸质量"项之间存在不自然的、极其精细的相消。类似地,如果利用标准模型计算量子效应对费米参量的修正,一般情况下就会得到费米参量接近于牛顿引力参量的结果(即理论所预言的弱作用力要比它实际的强度弱得多),除非其中引入令人不安的微调(fine-tuning)。——译者

在缺乏来自实验的引导的情况下，理论学家除了接受美学的引导，此外别无选择。他们依从自己的本能去寻找能够超越标准模型的理论，以期在更基本的层面解释自然规律。

除了乔赛-格拉肖型的大统一理论以外，苏联的理论物理学家在20世纪70年代初指出了另一条通往大统一的途径，这一途径在1973年被韦斯（Julius Wess）和祖米诺（Bruno Zumino）独立地重新发现了*。该理论被称为超对称（supersymmetry），通常简写为SUSY。超对称理论种类繁多，但是最简单的一种叫作最小超对称标准模型（Minimal Supersymmetric Standard Model，简称MSSM），它是在1981年被首次提出来的。MSSM的特点在于存在"超多重态"（super-multiplets），可以把物质粒子（费米子）和在它们之间传递力的玻色子联系起来。

在超对称理论中，有关的方程式对于费米子和玻色子的相互交换是不变的。因此，我们今天所观测到的费米子和玻色子在物理学中非常不同的性质和行为一定是破坏或者掩盖这种超级对称性的结果。

这种更高的超级对称性的一个后果是增加了更多的粒子。对于每个费米子而言，该理论预言了一个相应的超对称费米子（叫作sfermion），后者其实是一个玻色子。这意味着，对于标准模型中的每个粒子而言，该理论要求还存在一个自旋相差1/2的超对称伴子。电子的超对称伴子叫作selectron，即标量电子（scalar electron）的简写。每个夸克都有一个相应的超对称伴子squark。

同样地，对于标准模型中的每个玻色子而言，都存在一个相应的超对称玻色子（叫作bosino），后者其实是一个费米子。光子、W粒子和Z粒子的超对称伴子分别是photino、wino和zino。

MSSM的优点之一在于，它可以解决希格斯玻色子的质量问题。在

---

* 在英文原版中，作者强调韦斯和祖米诺是CERN的物理学家，这是不准确的。当时祖米诺在CERN工作，而韦斯在德国的卡尔斯鲁厄大学任教。——译者

MSSM中,导致希格斯质量暴胀的圈修正被来自与虚超对称粒子有关的负修正抵消了。比方说,对希格斯质量的贡献起源于与虚顶夸克的相互作用,它被与虚顶夸克的超对称伴子(stop squark)有关的相互作用抵消了。这种相消稳定了希格斯质量,因而也稳定了弱作用力的强度。要使得这一机制起作用,MSSM实际上需要五个希格斯粒子,每个粒子都具有不同的质量。这些粒子中的三个是中性的,其余两个带有电荷。

MSSM也消除了标准模型的另一个缺点。正如温伯格、乔寨和奎因在1974年所证明的那样,标准模型中强作用力、弱作用力和电磁力的强度在很高的能标处近似相等。可是它们不会像一个完全统一的“电核力”场论所期待的那样,变得严格相等。在MSSM的框架中,物理学家预言三种在粒子之间传递的力可以收敛到一点(见图9.4)。

超对称也可以解决一个在宇宙学中长期存在的问题。瑞士天文学家茨维基(Fritz Zwicky)在1934年发现,从引力效应所推断出来的后发座星系团(Coma Cluster)的星系平均质量与从夜空中星系的亮度所推断出来的平均质量不一致。为了解释引力效应所需要的质量,差不多有90%似乎“下落不明”,或者说是不可见的。这种失踪了的质量被称为“暗物质”(dark matter)。

这个问题并不局限于单个星系团。暗物质是目前的大爆炸宇宙学标准模型(即ΛCDM模型)的重要组成部分。COBE和最近的WMAP对宇宙微波背景辐射的连续观测间接地表明,暗物质占了宇宙的质量和能量的大约22%。大约73%的宇宙组分是“暗能量”(dark energy),它与无孔不入的真空能量场有关。剩下宇宙的“可见”物质:恒星、中微子和重元素——我们的一切以及我们所能看见的一切——则占了不到5%。

超对称预言了既不受强作用力影响也不受电磁力影响的超对称粒子。因此诸如超中性子(neutralinos)等超对称粒子是所谓的大质量弱

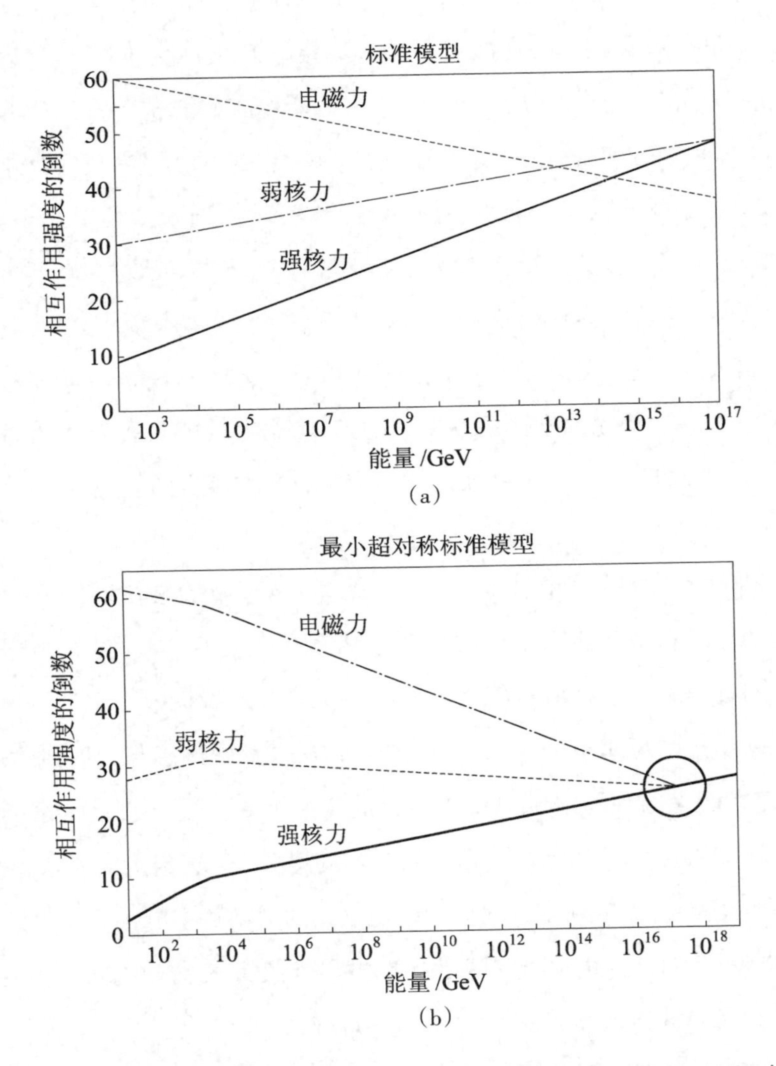


图9.4 (a)在标准模型中将各种力的强度外推，意味着存在一个能标(以及大爆炸之后的一个时刻)，在那里各种力的强度相同并统一起来。然而，各种力做不到完全收敛于一点。(b)在最小超对称标准模型(MSSM)中，额外的量子场可以改变这种外推方式，因而相应的力几乎完全收敛

相互作用粒子(weakly interacting massive particles,简称WIMPs)的候选者,而科学家们认为WIMPs占了暗物质的很大比例*。

大量超对称粒子的存在似乎是一件异想天开的事,但粒子物理学的历史充满了异想天开的发现,后者基于理论的预言,而许多这样的预言在它们刚问世时都被人们认为是荒谬可笑的。如果它们真的存在,那么物理学家预期:一部分超对称粒子会在万亿电子伏能标处出现。

新千年开始之际,LHC在法国和瑞士的地面之下超过150米处初具规模,很显然它的目的绝不仅仅在于发现负责电弱对称性自发破缺的希格斯玻色子,或者好几种希格斯玻色子,或者如MSSM所预言的超对称粒子。它旨在推进对标准模型的超越;它考验的是我们理解物质是由什么构成的以及这些物质怎样构成了我们的宇宙的能力。

2000年12月,拆除LEP的工作开始了。4万吨的材料设备不得不被迁离隧道。到了2001年11月,隧道被完全清空了,同时测量人员开始为安置LHC的组件所需的7000块场地的第一块做标记。

延期是不可避免的。马亚尼在2001年10月确认了巨大的成本超支,随之而来的预算限制迫使该项目的完成被推后了一年,从2006年推迟到2007年。正如美国人在他们流产的建造SSC项目期间所认识到的那样,超导磁铁的新奇技术要比曾经预期的消耗更多的预算。

2006年10月,科学家完成了建造世界上最大的、能够将超导磁铁冷却到-271.4摄氏度的制冷系统。2007年5月,工程师完成了安装LHC的1746块超导磁铁中的最后一块。

---

* 超中性子是由超光子(photinos)、超Z子(zinos)和中性超希格斯粒子(higgsinos)的组合构成的。参见凯恩(Gordon Kane)的专著《超对称:揭开宇宙基本规律的面纱》(*Supersymmetry: Unveiling the Ultimate Laws of the Universe*),珀尔修斯出版社,麻省剑桥(2000年)。

虽然LHC被容纳在27千米长、曾经用于LEP的隧道中，但是还需要做进一步的挖掘工作，以便为新的探测器装置创造空间。在有关LHC的最初计划中，科学家拟定了四个探测器装置，它们分别是环形LHC探测器(A Toroidal LHC Apparatus，简称ATLAS)、致密μ子螺线管(Compact Muon Solenoid，简称CMS)探测器、大型离子对撞机实验(A Large Ion Collider Experiment，简称ALICE)探测器和大型强子对撞机美丽夸克(Large Hadron Collider beauty，简称LHCb)探测器。其中ALICE的设计是为了研究重离子(铅原子核)碰撞，而LHCb被专门设计成为一个研究底夸克(即美丽夸克)物理学的装置。

科学家后来还添加了两个规模更小的探测器装置。完全弹性衍射截面测量(TOTal Elastic and diffractive cross-section Measurement，简称TOTEM)探测器的设计目标是对质子做极高精度的测量，它被安装在CMS探测器的中央，靠近质子的对撞点。最后，大型强子对撞机向前(Large Hadron Collider forward，简称LHCf)探测器的目的是研究那些从质子-质子对撞的“向前”区域中产生出来的粒子，此类粒子的运动方向几乎与对撞束流处在一条直线上。它被安装在ATLAS探测器的侧面，与ATLAS共享质子束流的交叉对撞点。

多种用途的ATLAS和CMS探测器致力于希格斯玻色子和其他“新物理”现象的寻找，后者也许预示着超对称粒子的存在并可解决暗物质之谜。ATLAS探测器是由一系列更大的同轴圆筒组成的，它们分布在LHC所产生的质子束流的交叉对撞点周围。内探测器的功能是记录带电粒子的踪迹，识别它们的身份，并测量它们的动量。内探测器被大型螺线管(线圈状)超导磁铁围绕起来，后者的作用是使带电粒子的径迹发生偏转。

处在超导磁铁之外的是电磁和强子量热器，它们吸收带电粒子、光子和强子，并通过这些粒子所产生的簇射(shower)来推断它们的能量。

μ子能谱仪测量的是μ子的动量。μ子具有很强的穿透能力,可以不留痕迹地通过其他探测器元件。μ子能谱仪采用了螺旋管形(环状)磁场,它是由排成八个“桶圈”(barrel loop)和两个“端盖”(end cap)的大型超导磁铁产生的。这些超导磁铁是世界上最大的超导磁铁(见图9.5)。

图9.5 ATLAS探测器采用的是螺旋管形(环状)磁场,后者是由排成八个“桶圈”和两个“端盖”的大型超导磁铁产生的。这些超导磁铁是世界上最大的超导磁铁。(图片来源与版权所有:CERN)

ATLAS无法探测中微子,而它们的存在一定要通过对撞粒子和被探测粒子之间的能量不平衡来推断。因此探测器必须是“密封的”:除了中微子以外,其他粒子都无法逃脱被探测的命运。

ATLAS探测器大约45米长、25米高,其体积差不多有半个巴黎圣母院那么大。它的重量约为7000吨,相当于埃菲尔铁塔的重量或者100架未载客的波音747大型喷气式客机的重量。ATLAS合作组是由来自38个不同国家、不下174所大学和实验室的3000名物理学家组成的,其负责人是意大利物理学家贾诺蒂(Fabiola Gianotti)。

CMS具有不同的设计,但是它的探测能力与ATLAS相似。它的内探测器是一个追踪系统,由硅像素和硅条探测器组成,可以测量带电粒子的位置,使它们的径迹得以重建。就像在ATLAS探测器中一样,电磁和强子量热器测量带电粒子、光子和强子的能量。μ子能谱仪则收集那些穿过量热器的μ子的数据。

CMS探测器是"致密型的",意思是说它利用了单一的大型螺线管超导磁铁,因此它的体积小于ALTAS的体积。不过它仍然很大:长21米、宽15米、高15米(见图9.6)。CMS的网站声明:CMS探测器坐落在一个"可以容纳日内瓦所有居民的地洞里面,虽然住在那里并不舒服"。CMS合作组的负责人是意大利物理学家托内利(Guido Tonelli)*,它也拥有3000名来自38个国家、183个研究机构的物理学家和工程师。

建造ATLAS和CMS探测器组件的工作以及挖掘容纳它们的地洞的工作从1997年和1998年就开始了。两个探测器的组装是在2008年年初完成的。

到了2008年8月,LHC的整个27千米长隧道都被冷却到了它的运

图9.6　希格斯(左)在CMS探测器的建设阶段访问施工现场。他在这里与CMS合作组的发言人(2007—2009年)弗蒂(Tejinder Virdee)合影。(图片来源与版权所有:CERN)

* 托内利作为CMS合作组发言人的时间是2010—2011年。——译者

行温度。运行需要超过1万吨的液氮和150吨的液氦，以便把磁铁完全注满。

LHC已经准备就绪，可以启动了。

“这是一个梦幻般的时刻，”LHC的项目经理埃文斯在2008年9月10日发表声明，“我们现在可以期待，一个理解宇宙起源与演化的新时代即将到来。”

令人悲哀的是，埃文斯的喜悦之情并没有持续多久。LHC在当天上午的10点28分启动。当一道闪光出现在监控器上，这就意味着已经把高速质子全程控制在了对撞机的27千米长的圆环中，其运行温度只比绝对零度高两度。物理学家挤满了狭小的控制室，欢呼雀跃起来。虽然不足以引人注目（而且对于电视观众而言有点令人扫兴，估计有10亿人观看了这一瞬间），但是这一历史时刻代表了大批物理学家、设计师、工程师和建筑工人20年来的不懈努力达到了顶峰。

当天下午3点，科学家把另一束质子流从相反的方向输入对撞机的圆环。不久之后，麻烦就开始出现了。仅仅9天之后，处于两块超导磁铁之间的总线连接发生了短路，所产生的电弧将磁铁的氦容器外壳击穿，造成了一个小孔。氦气泄漏到LHC隧道的3—4区，在随后的爆炸中有53块磁铁被损坏，而且质子管道受到了烟尘的污染。

在预定的冬季关机之前维修无望，而重新开机的时间被暂定在2009年春天。可是还有更多问题。因此2009年2月在沙莫尼召开的一次会议上，CERN的管理者决定启动进一步的检修工作。

于是重新开机的日期被推后了。

第十章

# 莎士比亚之问

LHC的运行情况比任何人(埃文斯除外)预期的都要好,只用了几个月的时间就收集了一年的数据,因此希格斯玻色子无处藏身了。

直到2009年9月初,几乎是LHC首次开机的一年以后,它的八个部分的最后一个才开始其冷却过程。10月底,所有八个部分都回到了它们正常运行时的温度,因而LHC在11月份被重新启动。尽管在冬季的几个月中耗电量增加了不少,对撞机还是在从2009年到2010年的整个冬天都保持了运行,其主要目的是使CERN的物理学家得以保持领先于他们的对手——那些在费米实验室的Tevatron上做实验的物理学家,他们也急于一睹希格斯粒子的风采。

在2010年头几个月的那段时间里,以相反方向在两个环中围绕着LHC跑动的质子在迎头对撞之前被加速到了3.5万亿电子伏。3月30日,科学家记录到第一批7万亿电子伏的对撞事件。然后束流强度和亮度逐渐增加,而这一对撞能量始终保持不变。ATLAS和CMS两个合作组都观测到了许多熟悉的粒子所引发的事件,它们构成了标准模型的强大粒子阵容。科学家过去花了超过60年的时间才得以发现这些粒子,现在只消几个月就把它们全部登记在册了。这些粒子包括最初在1950年发现的中性π介子,η介子、ρ介子和φ介子(由上夸克、下夸克和奇异夸克的各种组合构成)，J/ψ介子，Y粒子，以及W玻色子和Z玻色子(见图10.1)。到了7月份，科学家着手收集关于顶夸克的新数据。

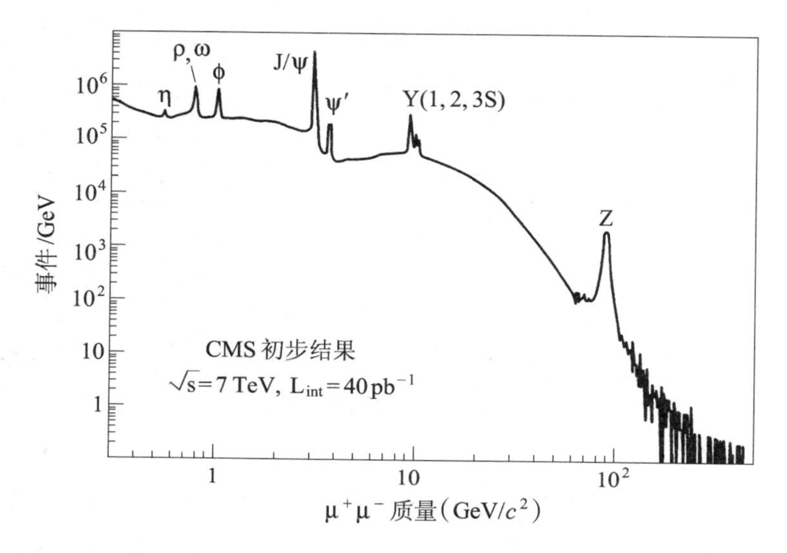


图10.1　2010年，LHC以7万亿电子伏的对撞能量运行的头几个月，ATLAS和CMS两个合作组都记录到了标准模型已知粒子的整个谱的候选事件。这张来自CMS合作组的示意图显示了存在J/ψ粒子、Y粒子(由底夸克和反底夸克构成的介子)和$Z^0$粒子的证据，后者是通过携带不同能量的μ子-反μ子对的产生而展现出来的。(图片来源与版权所有：CERN，以此保护CMS合作组的权益)

2010年7月8日，意大利物理学家多里戈张贴了一篇博客文章，对已经在Tevatron上发现了轻希格斯玻色子的证据的传闻进行了报道。这一传闻在互联网上迅速流传开来，并被新闻媒体捕捉到了。费米实验室马上在“微博”(tweet)上否认了谣传，轻蔑地称之为“一位想出名的博客写手所散布的谣言”。多里戈随后试图为自己的传谣辩护，他辩称：“利用可能的发现所表现出来的迹象使得粒子物理学处于媒体的关注之中，即便那些迹象后来又消失了，这样做也比每十年才能够声音洪亮地讲一次话更重要。真正做出突破性的发现需要很长时间，辉煌只在一瞬间，科学家在其余的时间只能保持沉默。”

无论对错,上述传闻表明费米实验室和CERN之间的竞争愈演愈烈,而且那种也许很快就会发现点什么的期待之情日益高涨。莱德曼早前承认,眼看着CERN宣布任何即将到来的发现都会令他百感交集:"这有点像你的丈母娘开着你的宝马车掉下了悬崖",他说。

多里戈的博客帖子提到的谣传是"3σ"(three-sigma)的证据,后者代表一种统计意义上的度量标准,反映了实验数据的可信度*。3σ的证据表示的是99.7%的可信度——换句话说,存在0.3%的风险,即数据是错误的。虽然这样的可信度听起来相当有说服力,但是为了保证对一个"发现"的宣布具有充分根据,粒子物理学家实际上要求5σ的数据,即99.999 9%的可信度。

人们相信,导致希格斯玻色子的产生和衰变的对撞事件是很稀少的,所以建立5σ的数据集合就需要把许许多多的候选对撞事件记录下来。粒子束流的亮度因此成为关键。亮度越高,在确定的时间内对撞的次数就越多,那么潜在的候选对撞事件数就越大**。事实上,积分亮度(integrated luminosity,亮度对时间的求和)是同候选对撞事件数直接相关联的。

描述积分亮度所使用的单位是相当晦涩的"靶"(barn)***的倒数。物理学家以"横截面"(cross-section)的形式来衡量核反应的发生率,用平方厘米做单位来描述反应的横截面。可以把横截面看成是一个假想的二维"窗口"的大小,有关反应通过这个窗口而发生。窗口越大,发生反应的可能性就越大。发生反应的可能性越大,它发生得就越快。实

---

* 很显然,谣传本身并没有这种统计性的度量标准……

** 亮度是对那些得以挤入对撞点的粒子数目的度量,因此也是对**潜在的**对撞次数的度量。其实并非所有处在对撞点的粒子都会对撞,然而亮度给出了将会发生的对撞次数的可能性。

*** "靶"是面积单位,等于$10^{-24}$平方厘米。——译者

验中所报道的横截面具有原子尺寸,通常等于某个数乘以$10^{-24}$平方厘米。人们发现与铀原子有关的反应横截面如此之大,以至于一位参与曼哈顿工程的物理学家打趣地称之为“像粮仓一样大”(big as a barn)。“barn”(靶,简记为b)一词随后被当作一个单位引入了物理学。一个等于某个数乘上$10^{-24}$平方厘米的横截面就变成了以“靶”为单位的某个数。皮靶(picobarn,简记为pb)等于万亿分之一($10^{-12}$)靶,即$10^{-36}$平方厘米。飞靶(femtobarn,简记为fb)等于千万亿分之一($10^{-15}$)靶,即$10^{-39}$平方厘米。

2010年12月8日,在法国依云召开的CERN会议上,贾诺蒂总结了发现希格斯粒子的前景以及LHC与Tevatron之间相互竞争的本质。简单的统计数字表明,即便到了2011年年末,积分亮度增至10逆飞靶($10 \times 10^{15}$ $b^{-1}$,即$10^{40}$ $cm^{-2}$),Tevatron充其量也只能在一些有限的能量区域内得到希格斯粒子可能存在的$3\sigma$证据。更强大的LHC原则上有能力在其积分亮度达到1—5逆飞靶的时候给出$3\sigma$的证据,这依赖于希格斯粒子的质量。

2011年1月17日,美国能源部宣布:2011年年底以后,它将不再资助Tevatron项目的延期运行。这一决定并不预示着寻找希格斯粒子的竞争终止了,但是它确认了高能物理学前沿掌门人的身份无可避免地从费米实验室转到CERN。

LHC的最初运行计划包括在2012年实施持续时间较长的停机,这是升级质子束流能量所必需的,以期产生14万亿电子伏的设计对撞能量*。鉴于希格斯粒子已经近在咫尺,CERN的管理层在2011年1月同意延期关机,继续在7万亿电子伏的对撞能量区域运行LHC,直到2012

---

* 科学家认定关机是很有必要的,以便打开主要超导磁铁之间的27 000个相互衔接点,对它们进行检修,并将它们固定在一起,使其能够承受更高的电流,后者是产生7万亿电子伏的质子束流所必需的。

年12月。科学家认定,把对撞能量提高到8万亿电子伏的潜在升级方案,其风险太大了。他们改为通过各种途径增大束流的亮度。

“如果大自然对我们很友善,而且希格斯粒子的质量处于LHC目前探测得到的范围,”做此决定的CERN主任霍耶尔(Rolf Heuer)说,“那么我们就能够在2011年获取足够的数据,看到希格斯粒子存在的迹象,但却并不足以发现它。2012年再运行一整年,我们将会得到所需要的数据,把这类迹象转变成发现。”

万事俱备,只欠东风了。

爱因斯坦的秘书杜卡斯(Helen Dukas)曾经问爱因斯坦能否就相对论给出一个简单的解释,以便她可以用来回答许多记者的提问。他考虑了一会儿,然后建议说:“和一个漂亮女孩坐在公园的长椅上,一小时过得好像一分钟;但是坐在炽热的火炉上,一分钟过得好像一小时。”

在费米实验室和CERN,参与合作组的科学家多达好几千人。他们中间的紧张感和兴奋感,现在都看得见、摸得着了。已经超过十年没有发现新粒子了*。自从LEP对撞机“瞥见”了希格斯粒子以来,差不多11年的时光已经流逝了。而现在新物理发现即将来临,它愈来愈近的“脚步声”既令人渴望又令人烦恼。它究竟是什么呢?再等六个月?再等一年?再等两年?这真是不折不扣地坐在“炽热的火炉”上!

或许水坝溃决是不可避免的。

哥伦比亚大学的数理物理学家沃伊特自从2006年出版了《甚至没有错》一书以来,一直坚持写有关高能物理学的博客。他这部批评当代弦论(string theory)的书获得了成功。2011年4月21日,他收到

---

* 费米实验室在2000年发现了$\tau$子型中微子,此后标准模型仅剩下希格斯玻色子有待被发现。——译者

了一个匿名帖子，内含一篇ATLAS合作组内部讨论文章的摘要。该论文声称已经获得了希格斯玻色子的4σ证据，其质量等于115千兆电子伏。

这并不是一个恶作剧。论文出自一小部分ATLAS合作组的物理学家之手，他们来自威斯康星大学麦迪逊分校，在吴秀兰的领导之下。吴秀兰曾在ALEPH合作组工作，他们在2000年（LEP即将寿终正寝时）"瞥见"了希格斯粒子。因此吴秀兰回头去查看她确信自己曾经看到过的那些早期迹象所处的能量范围，这么做绝不是巧合。

然而，存在两个问题。第一个是物理上的问题。相关的粒子曾在所谓的双光子质量分布（di-photon mass distribution）中被观测到，所采用的是2010年和2011年年初收集的总共大约64逆皮靶的数据。

在7万亿电子伏的能量上，发生在LHC上的质子-质子对撞其实与夸克-夸克对撞和胶子的熔合有关，这些过程在理论上可以产生希格斯玻色子。对希格斯粒子开放的衰变道依赖于它的质量。对于大质量的希格斯粒子而言，与两个W粒子和两个Z粒子的产生有关的衰变道是存在的。但是对于115千兆电子伏这样低质量的希格斯粒子而言，却没有足够的能量开启上述衰变道。希格斯粒子转而通过其他通道发生衰变。这些通道中的一条与两个高能光子的产生有关，该过程记为H→γγ。

问题在于，所观测到的共振态比标准模型对这一特定衰变道所做的预言大了近30倍。

在标准模型中，希格斯粒子衰变成两个光子的过程是由所谓的W玻色子"圈"支配的，后者与W玻色子的产生及其随后的湮没有关。结果，理论学家预言这一衰变道发生的概率很小，只占所有可能的衰变道的大约0.2%。如果该粒子确实是希格斯粒子，那么它变为两个光子的衰变不知何故被大大地压低了。或许我们不得不求助于其他新粒子，比如第四代甚至第五代夸克或轻子,来解释这一现象。

第二个问题关系到此发现的真实状况。泄漏的文件是一个内部的所谓 ATLAS 通信(ATLAS-Communications)或者说 COM 笔记的东西——设计它的目的是在合作组内部快速分发那些未经审查的和未经批准的结果,以便于讨论。把这种COM笔记看成ATLAS组的"官方"观点是没有意义的。随后的复查和重新分析很可能早在正式的论文写出之前就完全排除了这一结果。

就在复活节长周末之前,有关泄漏的COM笔记的新闻轰动了"博客世界"。几天以后,这场讨论就在高能物理学博主及其追随者中间掀起。多里戈在2009年曾经预言,发现希格斯粒子的新闻会首先出现在博客帖子里面。他认为自己的预言被证实了,不过他对所"发现"的粒子就是希格斯粒子这一点深表怀疑,并且以1000美元对500美元的赌注预测:进一步的数据将显示,在双光子衰变道中并不存在115千兆电子伏的新粒子。

4月24日,英国主流媒体在复活节这一天报道了有关传闻。供职于伦敦大学学院的ATLAS物理学家巴特沃思在英国电视台的四频道新闻节目中做了一个兼顾各方的公告。他说:"这里所发生的事情是,一群人已经熬了四夜没睡觉。他们画了几张图,然后变得兴奋异常,以内部笔记的形式把它们传送给合作组。这是好事。每个人都在那边激动不已,但不幸的是消息泄漏出去了。此时此刻,合作组那儿是一个非常令人兴奋的地方。"第二天,各大报刊广泛报道了这个消息。

在巴特沃思为《卫报》(*Guardian*)撰写的博客中,他对此议题做了展开:"保持冷静客观的科学态度有时候是很困难的。如果我们自己无法始终保持清醒的头脑,那么局外人也变得很兴奋就不足为奇了。这就是为什么我们得有内部审核、相互独立的团队从事同样的分析、外部同行评议、重复进行实验,等等。"

不久之后，出现了相反的传闻。4月28日，一位法国高能物理学家的博客声称：在检查了更多的数据以后，ATLAS的物理学家立即发现有关希格斯粒子的证据很快就消失了。5月4日，《新科学家》(*New Scientist*)期刊的记者滋贺(David Shiga)发布了一条在线新闻，声称已经看到了从CMS合作组泄露出来的文件，这一文件显示对他们的数据所做的搜寻“最终一无所获”。通过这样的泄密，感兴趣的旁观者瞥见了不知谁对谁错的混乱局面，这种局面在ATLAS和CMS两个合作组内部继续上演着。

5月8日，ATLAS合作组公布了正式更新的分析结果。对2010年和2011年所积累的总计132逆皮靶的数据做进一步分析，其结果的确是一无所获：双光子质量分布没有显示出任何过剩的事件。在随后的博客帖子中，巴特沃思解释了出现这一无效的结果并不奇怪：连标准模型的预言都暗示，应该什么都看不见，不过可以期待某种东西“很快”就会现身。“所以，请保持对双光子质谱的兴趣，”他写道，“但是在开香槟庆祝之前，请等待可靠的结果。”

似乎我们不需要等待太久。在4月22日的午夜时分，LHC的即时亮度达到了一个新的世界纪录：$4.67\times10^{32}$每平方厘米每秒，即每秒钟467逆微靶(1微靶等于$10^{-6}$靶)。当晚的主管工程师庞塞在孩提时代曾经参观过CERN，并且在1999年就加入CERN的实验室攻读博士学位。“我从来没有想过会有一天是由我来按动电钮，为LHC注入质子束流。”她说。

由于是在午夜，CERN的控制室内没有几个人目睹了这一时刻。庞塞大声喊叫着，并且跳起舞来，像少女一样在空中挥舞着双臂。

亮度的这一急剧增长是通过把出自SPS的越来越多的质子束注入环绕LHC运动的每条束流中而获得的。到了5月3日，峰值亮度进一步增大，达到了每秒880逆微靶，每条束流含有768条质子束。快到5月底时,LHC记录到了每秒1260逆微靶的峰值亮度。

准确地说,非弹性质子-质子对撞的横截面在7万亿电子伏处大约等于60毫靶,即0.06靶。因此每秒1260逆微靶的即时亮度意味着**每秒钟超过7500万次的对撞**($1260 \times 10^6 \times 0.06 = 7.56 \times 10^7$)。如果我们取希格斯玻色子在7万亿电子伏处的产生横截面为9皮靶*,那么这一即时亮度意味着每秒钟会产生$1260 \times 10^6 \times 9 \times 10^{-12} = 0.011$个希格斯玻色子,即**平均而言每90秒产生出来1个希格斯玻色子**。

消息泄露所引发的骚动已经激发了人们对官方将会宣布轰动性结果这一过程的兴趣。CERN的讯息部主管吉利斯(James Gillies)向《新科学家》期刊解释说,任何这样的结果在传送给CERN主任之前,都将首先在发现它的合作组(ATLAS或CMS)内部进行讨论并取得共识。然后把该结果传递给第二个合作组,以便使之得到确认。然后其他实验室的负责人以及每个为CERN提供资助的成员国的负责人会被告知有关的结果。然后会以CERN所组织的学术研讨会的形式对外宣布实验结果。至此会有好几千人已经知道了内情。消息的进一步泄露看来不仅很有可能,而且几乎是不可避免的。

那么,下一次大坝会在哪里决堤呢?

到了6月17日,LHC已经向每个探测器合作组发送了具有里程碑意义的1逆飞靶的数据,这是曾经为整个2011年的运行所设定的目标。"我认为我们设定的目标并非太低了,"霍耶尔在他对全体员工所做的

---

* 这一数字是基于LHC希格斯粒子横截面工作组(LHC Higgs Cross Section Working Group)在7万亿电子伏的对撞能量处所给出的推荐值。如果希格斯粒子产生于胶子-胶子的熔合过程,那么所计算出来的横截面会依赖于希格斯粒子的质量而变化:质量等于115千兆电子伏时,横截面约为18皮靶;而质量等于250千兆电子伏时,横截面约为3皮靶。在此希格斯粒子质量范围内,平均横截面约等于9皮靶。

年中报告中解释道,“我认为我们实事求是地而不是乐观地设定了目标。而且作为一个天生的乐观主义者,我必须对我自己说,机器运行得比预期的还要好。”

不过对于埃文斯而言,这是不足为奇的。“LHC目前的运行状况比任何人预期的都更好,除了我以外,”他宣称,“我很高兴。”埃文斯在1969年加入CERN,他从1984年的洛桑会议开始就一直参与LHC项目。自1993年以来他就领导着该项目。那是一段令人动情的旅程。

随着如此多的数据被发送到ATLAS和CMS,此刻人们的期待之情空前地高涨。这些数据应该足以为质量处于135—475千兆电子伏范围内的希格斯玻色子提供其存在的3σ证据,或者足以在95%的置信度下排除质量处于120—530千兆电子伏的希格斯粒子。运行规划向前做到了2012年年底,似乎不管怎样都会把这个问题彻底解决。

“依我看来,关于希格斯粒子的莎士比亚之问——有,还是没有(to be, or not to be)——将会在明年年底得到回答。”霍耶尔说。

现在所有的注意力都转到了欧洲物理学会(European Physical Society,简称EPS)即将在法国格勒诺布尔主办的高能物理学会议。该会议定于7月21日召开。

EPS会议将是ATLAS和CMS两个合作组共享每个组利用超过1逆飞靶的数据所发现的东西的第一次机会。合作组在数周之内对数据的搜集就能够确切地给出结果,这是对成百上千的物理学家所付出的辛劳和所承担的义务的证明。他们不知疲倦地致力于数据分析工作,以至于废寝忘食。

显而易见,倘若希格斯玻色子(单个或多个)如此存在的话,那么它(它们)就不会如此被“发现”。相反,物理学家首先要通过排查来缩减可能的希格斯质量范围，把搜索限定到越来越小的质量范围，直到最后让希格斯粒子无处藏身。

ATLAS合作组目前可以在95%的置信度水平排除质量处于155—190千兆电子伏和295—450千兆电子伏的标准模型希格斯玻色子。这本身已经是一个强有力的结果。跨越如此宽泛的能量范围却什么都没找到，这引起了理论物理学家的争论；他们中的大多数人关心的是超越标准模型的物理。

但是还有更多。ATLAS的数据也表明，在120—145千兆电子伏的本底之上存在过剩的事件。这可能要归因于好几种情况，比如分析中的统计误差，没有被准确地预期或计算的本底事件的涨落，或者探测器的系统误差。或者这可能是首次向人们暗示：某种类似标准模型的希格斯玻色子的东西，甚至说不定有多种希格斯玻色子，正潜伏在这一能量范围之内。

过剩的事件可以主要归因于两种不同的希格斯衰变道。它们与希格斯粒子衰变成两个W粒子有关，后者进而再衰变成两个带电轻子和两个中微子（表示为$H \to W^+W^- \to \ell^+\nu\ell^-\bar{\nu}$）*；同时还有较小的、来自希格斯粒子到两个$Z^0$粒子的衰变道的贡献，后者进而再衰变成四个带电轻子（表示为$H \to Z^0Z^0 \to \ell^+\ell^-\ell^+\ell^-$）**。对于质量足够大的标准模型的希格斯粒子而言，人们预期第一种衰变道是最主要的衰变道之一。但是，人们当然只能推断出这样产生的中微子和反中微子，因为无法直接测量它们，而且非常难以把真正的希格斯粒子事件从本底中区分开来。因此对这一衰变道而言，从实验数据只能得到有关希格斯粒子质量所处的某个范围的暗示。

* 带电轻子和中微子一同产生。比方说，$W^-$粒子衰变成一个电子或μ子以及相应的反中微子，而$W^+$粒子衰变成一个正电子或反μ子以及相应的中微子。

** 同样，带电轻子是成对产生的：电子和正电子一组，μ子和反μ子一组。

第二种衰变道要干净得多。事实上,这是"黄金"衰变道。之所以这样说,是因为该过程几乎完全不受本底事件的影响,因此它有可能使我们非常精确地测量出希格斯粒子的质量。该衰变也很少发生:每1000个希格斯玻色子中,大约只有1个会发生这样的衰变。

在ATLAS的综合数据中,所观测到的过剩事件在本底之上只有2.8个标准偏差,即2.8σ。这还算不上是3σ的"证据",而且距离宣布一个发现所需的5σ置信度还差得远。然而,它是一个强烈的暗示。CMS发现了什么呢?

CMS合作组公布了95%置信限度的排除区间:149—206千兆电子伏这一范围的全部,以及200—300千兆电子伏和300—440千兆电子伏这两个区域的大部分。CMS的综合数据也在120—145千兆电子伏显示出有趣的过剩事件,其统计显著性很难估计,但比ATLAS所声称的置信度稍微低一点。

这是令人振奋的结果。尽管ATLAS和CMS两个合作组在会前各自独立地工作,相互保密而且存在竞争,但它们都发现了同样的过剩事件。

仍然有非常漫长的路要走。报告之后,一些ATLAS和CMS合作组的成员聚集在一起以香槟酒庆祝,并讨论下一步要做的事情。他们将召集有关人员形成一个小型工作组,把出自两个合作组的结果综合在一起,并利用新数据及时更新分析结果,以便对希格斯粒子的存在与否提供更加可靠的评估。

LHC继续打破自己创造的纪录。7月30日,它的峰值亮度达到了每秒2030逆微靶(每秒超过1.2亿次的质子-质子对撞)。尽管对撞机的运行还存在一些稳定性的问题,但到了8月7日,它已经向ATLAS和CMS传送了超过2逆飞靶的数据。这已经是物理学家先前分析并在EPS会议上展示的数据量的两倍了。

物理学家及时为下一个大型的夏季会议准备好了经过综合和更新的结果。这就是第十五届国际高能轻子-光子相互作用会议，定于8月22日在印度孟买的塔塔研究所召开。

似乎莎士比亚之问的答案在几个月内就能够水落石出。

爱因斯坦曾经宣称："上帝是狡猾的，但他并无恶意。"*虽然寻找希格斯粒子的传奇故事的下一篇章或许不会暴露出一个深怀恶意的造物主的存在，但是正如实验事件数所显露的那样，谴责有一定恶作剧心智的上帝将会变得合情合理。

在孟买会议前的几个星期里，开始有谣言在博客圈子里面传播：ATLAS和CMS的综合数据现在以较小的不确定度显示出了一个质量约为135千兆电子伏的希格斯玻色子。ATLAS和CMS的综合数据表明，似乎存在超出的希格斯衰变事件，其显著性远大于3σ。人们的期待日益增强。虽然3σ的证据并不代表已经做出了"发现"，但是从那些最接近实验结果的物理学家所持有的信心，有可能判断他们是否相信这一结果确实就是"它"(希格斯粒子)。

在孟买会议即将召开的几天前，我在爱丁堡遇到了希格斯。那是一个阴雨蒙蒙的星期四下午。希格斯在1996年就退休了，但是他依然住在爱丁堡，离他1960年第一次成为数学物理讲师时所供职的大学的那个系很近。他现在是一位精神矍铄的82岁老人。我们和他的同事与朋友沃克(Alan Walker)一起坐在咖啡店里，谈论他的经历以及他对不久的将来所怀有的期待。

1964年，希格斯发表了一篇把他和以他的名字命名的粒子永远绑

* 这句短语的德文表述"Raffiniert ist der Herr Gott. Aber Boshaft ist Er Nicht"被刻在了普林斯顿大学老法恩楼(Fine Hall)一个房间的壁炉上方的石头上，以此纪念爱因斯坦。

定在一起的论文*。他等待针对该粒子的某种证明已经有47年。我们谈论了孟买会议的前景,以及为什么我们对重大的发现可能会被公之于众持乐观的态度。"对我来说,把现在的自己与当年(1964年)的自己联系起来是很困难的,"希格斯解释道,"但我感到欣慰的是,这一切就快结束了。如果我的想法经过了这么长时间以后被证明是对的,那将是很不错的。"

希格斯玻色子的发现将不可避免地导致希格斯机制获得诺贝尔奖,而争论的焦点在于:对于那些与该机制有关的人来说(昂格勒、希格斯、古拉尔尼克、哈根和基布尔)**,谁将会被诺贝尔奖委员会认可?围绕着可能来自孟买的特别正面的消息,我们谈论了可能爆发的宣传和报道,以及可能随后来自瑞典科学院的公告。爱丁堡大学的新闻办公室将会积极参与有关的宣传和报道。假如场面出现失控,那么希格斯就只好拔掉电话线并拒绝去开门了。

可是,似乎目前还不需要采取这些极端措施。随着孟买会议在下星期一(8月22日)正式召开,吉利斯在CERN发布了一篇新闻稿。他在新闻稿中对ATLAS和CMS的综合数据只字未提,尽管两个合作组在格勒诺布尔会议上曾经有过承诺。在两个会议之间的日子里,科学家又积累了1逆飞靶或更多的对撞数据。当利用新数据对原有的分析结果做了更新以后,ATLAS和CMS在135千兆电子伏附近的低质量区域所观测到的过剩事件的显著度实际上**下降**了。"现在,加上额外被分析的数据,那些涨落的显著度已经略微减小了。"新闻稿以相当郑重的措辞声明道。

这很难不令人感到失望。那些从格勒诺布尔会议上报告的结果中

---

* 尽管他所预言的粒子直到1972年才被广泛地称为希格斯玻色子。

** 不幸的是,布劳特久病之后于2011年5月去世了。诺贝尔奖不会追授给去世的科学家,而且每个奖项最多只能由三人分享。

所浮现出来的迹象，其显著度在孟买会议上报告的结果中已经变小了。LHC的表现是很出色的，它在8月份之前已经向每个探测器输送了超过2逆飞靶的数据。这一点使人们翘首以盼："莎士比亚之问"或许得以及早回答。很显然，上帝已经决定了要搞一场恶作剧——发现希格斯玻色子？没那么容易！

尽管每个探测器合作组现在已经接收到超过140万亿次质子-质子对撞的数据，但物理学家仍然在全力研究寥寥无几的过剩事件。而且少数事件对统计涨落特别敏感，很小的变化就会导致很大的差别。

打个比方，投掷硬币的统计学似乎是很简单的。我们知道，得到正面或反面的概率是50∶50。然而，倘若我们只看投掷几次的结果，那么即便看到正面或反面超出的结果，我们也应该不会感到惊讶。这并不意味着硬币不是"真的"，它只意味着我们还没有观察到足够多的投掷事件，还没有得到有代表性的样本。随着所搜集的数据越来越多，我们预期任何一面的超出都将会逐渐消失。

孟买会议上报告的结果并不意味着标准模型的希格斯粒子并不存在。在115—145千兆电子伏的能量范围内仍然存在过剩的事件，但对于LHC而言这是相当成问题的一个能区，物理学家一直都承认这一点。

我们只有一条出路：必须更有耐心，等待更多的数据。希格斯已经等了47年。再等几个月又何妨？

从2011年夏天到2011年秋天的整个时间段，LHC继续以比预期更好的状态运行着，达到了每秒3650逆微靶的峰值亮度。质子束在10月31日那一天停止了运行，至此每个探测器合作组已经从350万亿次的质子-质子对撞过程中收集了超过5逆飞靶的数据。

然而，这是有点令人感到烦闷的时期。孟买会议的经历削弱了人们的信心。自那以后，CERN没有发布任何有关希格斯粒子的通告，看起来在不远的将来也不会有任何通告。最终ATLAS和CMS公布了他们的综合数据，这是承诺了很久的事情，但我们被告知的是没有什么新东西，而且他们只分析了7月份获得的2逆飞靶的数据。现在的综合数据群比过去增大了五倍以上。

2011年9月23日，有消息称：一组致力于OPERA实验*的物理学家即将报告他们对μ子型中微子的速度所做的艰苦测量的结果。这反而引发了人们的兴奋之情。OPERA实验处于意大利中部亚平宁山脉的格朗萨索山岳的地下深处，到CERN的距离为730千米。μ子型中微子在CERN产生，传播730千米之后进入OPERA探测器。OPERA的测量结果表明：中微子在穿过泥土到达它们的目的地的过程中，跑得比光速还稍微**快**一点。

就在有关超光速中微子的争论此起彼伏之际，其他CERN的物理学家正忙于费力解释：为何没有发现希格斯粒子仍然代表了高能物理学向前迈出的重要一步。可以肯定的是，没有发现希格斯粒子将有损于标准模型的基础，并使得理论学家另起炉灶，从头再来。可是，往好处想，什么都没发现与发现点**什么**是完全不一样的。

鉴于前景相当黯淡，CERN理事会将与成员国的代表召开会议讨论寻找希格斯粒子的最新进展，但似乎此公告在很大程度上没有得到热烈的回应。会议被安排在2011年12月12日召开，第一天的内容将对外保密。不过贾诺蒂和托内利将在第二天做的公开报告看起来更值得期待。他们究竟有没有令人感兴趣的东西要公之于众呢？

12月13日，星期二，全世界的媒体都聚集在CERN。记者们耳闻目睹的报告是相当枯燥且专门的，这毫无疑问会使他们颇感困惑。尽管

---

* OPERA的意思是Oscillation Project with Emulsion-tRacking Apparatus（使用乳胶跟踪仪器的振荡项目），它是CERN和格朗萨索国家实验室（Laboratori Nazionali del Gran Sasso，简称LNGS）之间的合作项目。

如此，报告的结论却是很有吸引力的。

把来自几种不同的希格斯粒子衰变道的数据结合起来，ATLAS合作组观测到了高于预期本底3.6σ的过剩事件，对应质量等于126千兆电子伏的希格斯玻色子。CMS报告了2.4σ的综合过剩事件，其统计显著度稍低，对应质量等于124千兆电子伏的希格斯粒子。

但是物理学家极力主张要谨慎行事。“过剩的事件可能是涨落造成的，”贾诺蒂说，“不过它也有可能是令人更感兴趣的东西。我们暂时还无法下任何结论。我们需要更多的研究和更多的数据。考虑到今年LHC出色的表现，我们将无须等待很久就可获得足够的数据，并期望在2012年解决这一难题。”

霍耶尔解释道：“两个实验的数据在好几个衰变道提供了令人感兴趣的暗示，但是请慎重为好。我们还没有发现希格斯粒子，我们也还没有排除它。敬请期待明年的结果。”巴特沃思告诉英国电视台的四频道新闻节目：“我们都相当兴奋，因为实验结果看起来很有启发性。正如霍耶尔所说的那样，它同时在几个不同的地方出现了。但是我们仍然需要再多掷几次骰子。”

希格斯本人这样回答记者的提问：“哦，我不会回家开一瓶威士忌，然后借酒消愁。不过，我同样也不会回家啪的一声打开一瓶香槟！”

在同一天贴出的博客文章中，多里戈把实验结果称为标准模型希格斯玻色子的“确凿证据”，其质量约等于125千兆电子伏。美国理论学家斯特拉斯勒采纳了一种更加保守的观点，他指出多里戈使用“确凿”一词是没有根据的：“假如他说的是‘一些初步的证据’，那么他没什么问题。照现状看，我觉得他好像已经做得太过分了……”此言一出，随后在博客世界引发了一场短暂而激烈的口水战。

的确，物理学家作为一个群体正在主张谨慎行事，可是许多人准备以个人的名义赌一把。正如巴特沃思向我解释的那样：“我们确实需要数据以得出定论,但是我自己愿意打这个赌。这依赖于你在多大程度上是个赌徒。”

说句公道话,持乐观的态度是有充分依据的。随着LHC定于2012年4月重新开始质子-质子对撞*,人们关注的焦点将会再次转到高能物理学界在夏季召开的大会上来。

LHC做下一次物理运行的参数是在2012年2月的沙莫尼研讨会上决定的。经过一年非常成功的运行,工程师此时对机器的性能更有信心了,并且同意把质子-质子对撞的总能量推高至8万亿电子伏。人们预期这一较高的能量可以将希格斯粒子的产生率增至30%,当把本底的增加也考虑进来时,仍然能够导致探测的敏感度有10%—15%的提高。设定的目标是:2012年期间,在此较高的对撞能量区域收集15逆飞靶的数据。这一数据量将无疑足以为希格斯粒子的寻找做一个了断。

2月22日有消息披露说,OPERA实验所暗示的超光速中微子的结果是错误的。一条没有插牢的光纤电缆导致了定时测量的稍微延迟,进而转化成中微子飞行时间的减少,据报大约等于$7.3\times10^{-8}$秒。纠正了这个错误以后,测量结果与中微子以光速传播的预期就完全一致了。

对于超光速中微子的“传奇”而言,这在很大程度上是一个令人尴尬的结论。不过世界各地的物理学家都松了一口气,他们确信爱因斯坦的狭义相对论是安然无恙的。OPERA合作组的几位高层人员为此引咎辞职。这一情况起到了泼冷水的作用(假如人们需要的话),它提醒人们:当一个精心设计的物理学实验所发布的公告随后被证明有误时,会发生什么样的事情。

3月12日,LHC重新开始运行,18天之后达到了8万亿电子伏的对

---

* LHC在2011年的圣诞节到来前夕已经停止了运行。——译者

撞能量。正式的质子物理学运行到了4月中旬才开始。即时峰值亮度达到了每秒6760逆微靶。虽然数据的收集工作由于一些与低温物理学有关的技术问题而略有放缓,但是到了5月底,LHC的表现不俗,**每星期**向每个探测器合作组传送出1逆飞靶的数据。

现在即将要做的是在定于7月4日在澳大利亚墨尔本召开的第36届国际高能物理学大会(ICHEP)上宣布最新的实验结果。6月10日是名义上的截止日期,之后将来不及分析那些要在大会上报告的数据。至此LHC已经向ATLAS和CMS输送了大约5逆飞靶的数据,相当于整个2011年所采集的数据量。

谣传不可避免地开始出现在高能物理学的博客上。沃伊特报告了一种谣传,暗示有强烈的迹象表明科学家再一次看到了希格斯粒子。他们采用的是2011年的数据以及2012年已有数据的大约一半,结果在$H \to \gamma\gamma$衰变道中呈现出$4\sigma$显著度的过剩事件。各种猜测愈演愈烈。所有的迹象都预示ATLAS和CMS或许会报道显露出过剩事件的数据,只是其统计量还达不到宣布一个发现性的成果所需的$5\sigma$置信度。假如真是这样,那么毫无疑问,把两个合作组的结果综合起来将有可能得出结论,支持某种类似希格斯粒子的东西的存在。

不过,合作组会走这一步吗?假如他们不这么做,那么从官方的角度来说,问题依然没有得到解决,还需要获取更多的数据。这将使得博主们不受拘束地发表他们自己的数据组合,后者尽管很合理,但却毫无疑问是非官方的。博主们很可能自己宣布一个不被官方认可的"发现"。在整个科学史上,这种情况都没有先例可循。

随后CERN做出了惊人之举,宣布它将于7月4日在日内瓦的实验室举办一场特殊的报告会,作为ICHEP会议的"序幕"。报告会将给出ATLAS和CMS两个合作组在寻找希格斯粒子方面的最新结果,紧随其后的是一场新闻发布会。希格斯、昂格勒、古拉尔尼克、哈根和基布尔都将应邀出席*。

这无疑是一个预兆,难道它表明两个探测器合作组或者其中之一已经获得了宣布发现性成果所需的5σ显著度？这种猜测甚嚣尘上。费米实验室的物理学家不甘示弱,他们提醒我们说,两个依托Tevatron的合作组(D0和CDF)已经在较低的对撞能量积累了将近10逆飞靶的数据。在3月份于法国默里昂召开的会议上,来自费米实验室的物理家展示的结果暗示：在115—135千兆电子伏的区域存在2.2σ的过剩事件,其重点在于希格斯粒子到两个底夸克的衰变,该衰变道由于高本底的原因而不容易在LHC上被观测到。在随后于7月2日(比CERN宣布其结果早了两天)举办的报告会上,费米实验室的物理学家宣称：通过改进分析方法,他们已经将结果的显著度推高至2.9σ。当然,这不足以宣称发现了什么,但无疑会为任何之后的发现公告提供强有力的佐证。

7月4日,我舒舒服服地坐在自己的办公室观看了CERN的网上直播,并通过多里戈实况张贴的博客文章跟踪观众的反应。当时多里戈就在报告会的现场。

霍耶尔宣布,这一天因为好几个原因而变得很特殊。别的先不说,这一天是一个国际物理学大会的开幕式——头一次有这样的会议将在另一个大洲通过视频链接举行开幕式。

首先上场的是担任CMS合作组发言人的因坎代拉(Joe Incandela),他是加利福尼亚大学圣塔芭芭拉分校的物理学教授。他似乎有点紧张,好像知道这个讲台的历史意义,而此时他正站在讲台的中心。当他开始进入演讲状态时,他的紧张感就缓解了。

他的报告无可非议地体现了这些实验所具有的令人困惑的复杂

* 当天基布尔忙于其他事情未能到场。希格斯、昂格勒、古拉尔尼克和哈根都出席了报告会。

性。简单地用一个结果来总结实验的成果——对莎士比亚之问的回答——那将不尊重所有参与LHC的运行、探测器的操作、触发系统的设置、积压事件的处理、本底的计算、全世界计算机网格的管理、数据的详细分析以及值夜班的科学家所付出的努力。因坎代拉在这些技术细节方面花了相当多的时间,好像他即将展示出来的结果是显而易见的一样。

当他终于讲到物理结果时,他的点睛之笔激动人心。把2011年采集的7万亿电子伏对撞能量的数据和2012年采集的8万亿电子伏对撞能量的数据结合在一起,就会在$H\to\gamma\gamma$衰变道中质量接近125千兆电子伏处产生过剩的事件,其显著度为$4.1\sigma$。类似的针对$H\to Z^0Z^0\to\ell^+\ell^-\ell^+\ell^-$衰变道的数据组合则给出$3.2\sigma$显著度的过剩事件。将这两个衰变道的数据整合起来,呈现出来的过剩达到了$5.0\sigma$。标准模型对这一质量的希格斯玻色子的预期是$4.7\sigma$的过剩。"令人高兴的是显著度处在$5\sigma$。"因坎代拉说。

会场上爆发出听众不约而同的掌声。

还有涉及其他衰变道的更多结果要报告,不过它们不会改变总体绘景。综合起来的结果如图10.2(a)所示,其中给出了"p值"——结果的统计显著性的度量——随希格斯粒子质量的变化。

现在的时间非常紧迫,报告会很快就转向第二个探测器合作组。贾诺蒂站出来报告ATLAS的结果。她讲解了几乎一样的背景,强调了实验的重要技术内容。我被一个不寻常的事实打动了:利用10.7逆飞靶的数据,物理学家估计在$H\to\gamma\gamma$衰变道中预期会出现的126千兆电子伏的过剩事件数仅为170。预计在同一能量处的本底事件数等于6340,即信号与本底的比值仅为3%。

贾诺蒂的点睛之笔几乎和她的CMS同事的一模一样。将2011年和2012年的数据结合起来,就会在$H\to\gamma\gamma$衰变道中126.5千兆电子伏

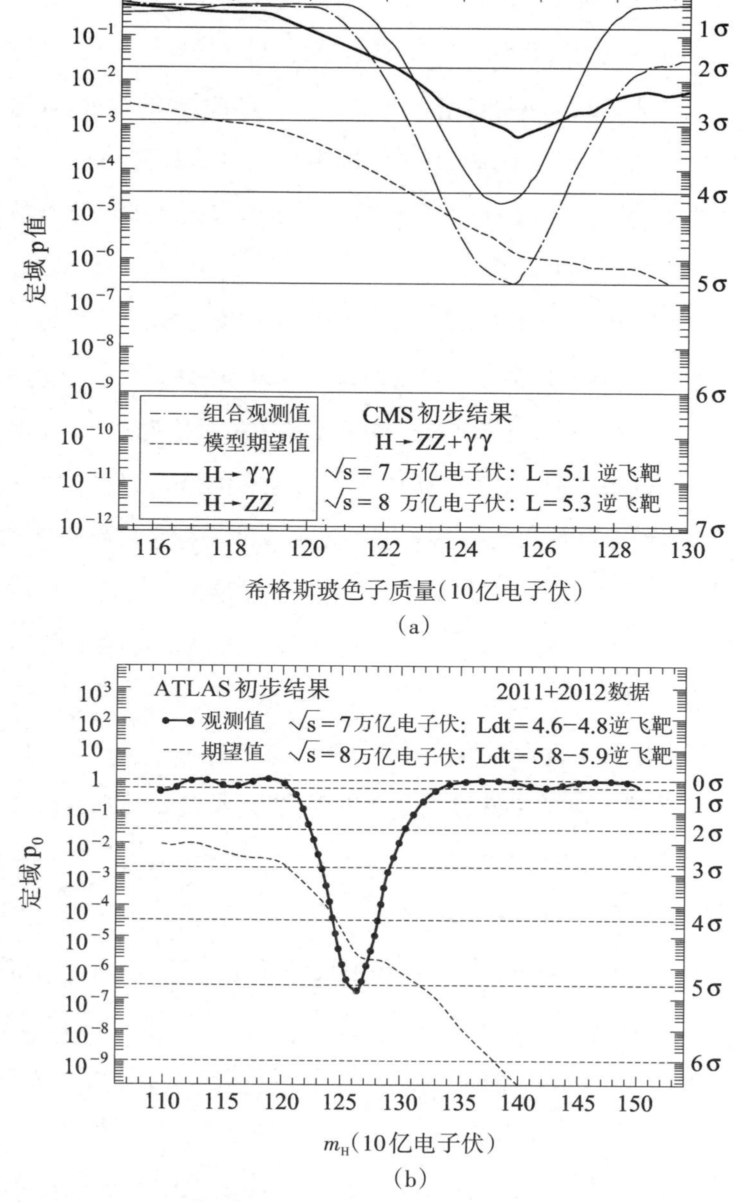


图10.2 CMS和ATLAS两个合作组在2012年7月4日所报告的初步结果。这些图展示了“p值”——统计显著性的度量——随希格斯粒子质量的变化。(a) CMS的结果给出了$H \to \gamma\gamma$和$H \to Z^0Z^0 \to \ell^+\ell^-\ell^+\ell^-$衰变道以及它们的组合的过剩事件，其结果达到了非常重要的5σ水平。虚线显示的是标准模型所预言的希格斯粒子的过剩。(b) 来自ATLAS的类似图形显示了几乎一样的结果。(图片来源和版权所有：CERN)

的地方产生过剩事件，其显著度为4.5σ，比标准模型预言的显著度大了一些（2倍）。相应的$H \to Z^0Z^0 \to \ell^+\ell^-\ell^+\ell^-$衰变道的数据在125千兆电子伏的地方产生了3.4σ显著度的过剩事件。把这两个衰变道的数据整合起来，则给出5.0σ的过剩，与此对应的标准模型预言是4.6σ。有关结果被概括在图10.2(b)中。

两个合作组都发现了5σ的证据，足以宣布他们做出了一个发现。听众报以更多、更热烈的掌声。

霍耶尔宣布：“我作为一个外行想要说的是，我认为我们已经得到了我们想要找的那个‘它’。你们同意吗？”毫无疑问，某种很像标准模型希格斯玻色子的粒子已经被发现了；而对于一个外行来说，这的确就是人们孜孜以求的那个“它”。但是物理学家拥有更严格的标准。他们现在对他们刚刚宣布的到底是什么样的发现持相当谨慎的态度。在随后举行的新闻发布会上，面对来自记者的询问，物理学家坚持强调，这个新粒子与希格斯粒子**相符**。他们拒绝了记者的引诱，不肯就这个粒子是否就是**那个**希格斯粒子的问题做出回答。

简单的事实在于，这个新玻色子的质量处于125—126千兆电子伏，并且恰好以人们预期希格斯玻色子应具有的方式与其他标准模型粒子发生相互作用。除了在$H \to \gamma\gamma$衰变道中所观测到的增强以外，新的玻色子衰变到其他粒子的比率符合标准模型希格斯粒子的预期值。尽管ATLAS和CMS实验清楚地表明这是一个玻色子，但是对它的自旋量子数的精确数值还不清楚，后者可能等于0或2。然而，唯一被预期自旋等于2的粒子是引力子(graviton)，即假想的引力传播子。因而自旋等于0是更有可能的。对鲁比亚曾说过的话稍加改动，我们也许会理直气壮地宣称：“它看起来像标准模型的希格斯粒子，它闻起来像标准模型的希格斯粒子，它一定是标准模型的希格斯粒子。”

实际上，这些结果代表了另一个漫长之旅的至关重要的里程碑。

科学家已经发现了一个新的玻色子,它对于全世界而言看起来都像是一个希格斯玻色子。可它是**哪个**希格斯玻色子呢?标准模型只需要一个希格斯玻色子,以破缺电弱对称性。最小超对称标准模型(MSSM)需要五个。其他理论模型有其他的要求。要想确定所发现的粒子究竟是哪种粒子,唯一的途径就是在进一步的实验中研究它的性质和行为。

CERN的新闻稿评述道:

> 对新粒子的特性做明确的鉴别将花费很长时间和很多数据。但不论希格斯粒子呈现出何种形式,我们对物质基本结构的认识都会前进一大步。

报告会在理所当然的热情寒暄与沾沾自喜中落下了帷幕。当被问及自己的意见时,希格斯对LHC所取得的骄人成就表示了祝贺,并且感慨道:“这一切发生在我的有生之年,真是令人难以置信!”

在理解物质的基本特性的奋斗之旅中,我们正在翻过去重要的一章。激动人心的新篇章即将开始。

# 质量的构成

世界是由什么构成的？

在20世纪30年代中期，人们给出的解释是：世界上所有的物质都是由化学元素组成的，而且每种元素是由原子组成的。相应地，每个原子含有一个原子核，而原子核由不同数目的带正电荷的质子和电中性的中子组成。围绕着原子核的是带负电荷的电子，受缚于电吸引力。每个电子可以拥有上旋或下旋的自旋取向，而每条原子轨道可以容纳两个自旋方向相反的成对电子。电子可以通过电磁辐射的吸收或发射（以光子的形式）从一条轨道跃迁到另一条轨道。

我们已经解释了握在你手心中的18克重的冰块，其重量源自$1.08\times10^{25}$个质子和中子的集体质量。

如今我们的答案已经变得比以往更加精细了。

事实上，原子核中的质子和中子并非基本粒子。它们是由带分数电荷的夸克组成的。质子由不同“味”的3个夸克构成——2个上夸克和1个下夸克。夸克也可以用“色”来区分：红色、绿色和蓝色。质子中的2个上夸克和1个下夸克具有完全不同的色，所产生的组合呈现的是“白色”。中子由1个上夸克和2个下夸克构成，其中每个夸克同样具有不同的色。

夸克之间的色力是由8个不同种类的力粒子来传递的,它们统称为胶子。这种力的强度并非像人们所期望的那样随着夸克的靠近而增大,而是随着夸克的分开而增大。质子和中子之间的强核力只是它们的组分夸克之间的色力的残余。

CERN所发现的新粒子强烈地暗示,夸克质量源自与希格斯场的相互作用。这些相互作用把原本无质量的夸克转化成有质量的粒子。相互作用给予粒子以**深度**(depth),使得它们慢下来。这种对加速度的阻力就是我们所说的质量。

然而夸克的质量是很小的,只占了质子或中子质量的1%。其他99%的质量来自无质量的胶子所携带的能量。胶子在夸克之间飞来飞去,并把它们绑在一起。

在标准模型中,质量——作为物质的量的内禀属性或度量——的概念已经不复存在了。取而代之的是**能量**,即质量完全是由发生在基本量子场及其粒子之间相互作用的能量构成的。

希格斯玻色子属于解释宇宙中所有粒子的所有质量如何构成的机制的一部分。宇宙中的所有物质也许都是由夸克和轻子组成的,但是某些特殊物质的质量则来自它们通过与希格斯场的相互作用或者与胶子的交换所获得的能量。

假如没有这些相互作用,那么物质就会像光本身那样,朝生暮死,华而不实。于是乎一切都不复存在了。

# 术语表

**反粒子(Antiparticle)：**其质量等于“普通”粒子的质量，但具有相反的电荷。例如，电子($e^-$)的反粒子是正电子($e^+$)。红色夸克的反粒子是反红色的反夸克。在标准模型中，每个粒子都有相应的反粒子。有些具有零电荷的粒子是它们自身的反粒子，有些则不是*。

**渐近自由(Asymptotic freedom)：**夸克之间强色力的一种性质。当夸克彼此靠得越来越近时，色力的强度实际上逐渐下降，使得夸克在零间隔的渐近极限情况下表现得好像完全自由一样，见图7.1(b)。

**ATLAS合作组(ATLAS)：**LHC所属的一个螺旋管形仪器(A Toroidal LHC Apparatus)的字头缩写，是与在CERN的大型强子对撞机(Large Hadron Collider，即LHC)上寻找希格斯玻色子有关的两个探测器合作组之一。

**原子(Atom)：**来自希腊语*atomos*，意思是“不可分的”。最初打算用原子表示物质的基本组分，该词现在表示单个化学元素的基本组分。因此，水是由$H_2O$分子组成的，即每个水分子是由两个氢原子和一个氧原子组成的。相应地，原子是由质子和中子组成的，质子和中子绑定在一起形成中央原子核，电子环绕着原子核运动，其波函数构成一些特征模式，这些模式称作轨道。

**重子(Baryon)：**来自希腊语*barys*，意思是“重的”。重子构成强子的一个子类。它们是参与强核力的较重的粒子，包括质子和中子。重子由夸克三重态组成。

---

* 英文原著在此处的表述不够准确，已更正。——译者

**β粒子(Beta particle):**进行β放射性衰变的原子核所发射出来的高速电子。参见β放射性/衰变。

**β放射性/衰变(Beta radioactivity/decay):**最初是由法国物理学家贝克勒尔(Henri Becquerel)在1896年发现的,因此被卢瑟福在1899年命名为β放射性/衰变。作为弱力衰变的例子,它与中子中的一个下夸克转化为一个上夸克有关,从而把中子转化成质子,并放射出一个虚$W^-$粒子。后者衰变成一个高速电子(即β粒子)和一个电子型反中微子。

**大爆炸(Big bang):**用于描述宇宙的时空和物质“爆发”的术语,该“爆发”发生于大约137亿年前,即宇宙产生的初始时刻。最初是由特立独行的物理学家霍伊尔(Fred Hoyle)发明的带有贬损意味的词汇,此后科学家通过探测和绘制宇宙微波背景辐射获得了压倒性的有关宇宙大爆炸“起源”的证据。宇宙微波背景辐射被认为是在大爆炸之后大约38万年时热辐射脱离了物质所形成的冷残留物。

**十亿(Billion):**$10^9$,或1 000 000 000。

**玻色子(Boson):**以印度物理学家玻色的姓氏命名的粒子。玻色子的特点是拥有整数的自旋量子数(1,2,…,等等)。正因为如此,玻色子不受泡利不相容原理的束缚。有些玻色子参与物质粒子之间力的传递,它们包括光子(电磁力)、W粒子和Z粒子(弱力)以及胶子(色力)。具有零自旋的粒子也叫玻色子,但是这些粒子并不参与传递任何力。这样的例子包括π介子、库珀对(其自旋也可以等于1)和希格斯玻色子。引力子是引力场的假想粒子,物理学家相信它是自旋等于2的玻色子。

**底夸克(Bottom quark):**有时也被称为“美丽”(beauty)夸克。它是具有－1/3电荷的第三代夸克,自旋等于1/2(费米子),而且其“裸质量”(bare mass)*为4.19千兆电子伏。1977年,物理学家在费米实验室通过观测由底夸克和反底夸克所构成的Υ介子而发现了底夸克。

**欧洲核子研究中心(CERN):**法语Conseil Européen pour la Recherche Nucléaire的缩写,英文表达为European Council for Nuclear Research,成立于1954年。当临时委员会解散之后,该机构被重新命名为Organisation Européenne pour la Recherche Nucléaire(欧洲核子研究组织,英文表达为European Organization for Nuclear Research),但是缩写CERN被保留下来。CERN坐落于日内瓦的西北郊区,靠近瑞士与法国的边界。

**粲夸克(Charm quark):**电荷等于+2/3的第二代夸克,自旋为1/2(费米子),“裸质量”等于1.27千兆电子伏。它是在布鲁克黑文国家实验室和斯坦福直线加速器中心(SLAC)通过观测由粲夸克和反粲夸克组成的J/ψ介子而同时被发现的。这一发现被称作1974年的“十一月革命”。

**CMS合作组(CMS):**Compact Muon Solenoid(致密μ子螺线管)合作组的缩写,是在CERN的大型强子对撞机上致力于寻找希格斯玻色子的两个探测器合作组之一。

**冷暗物质(Cold dark matter,简称CDM):**目前的ΛCDM大爆炸宇宙学模型的一个关键组成部分,人们认为它大约占了宇宙的质能的22%。冷暗物质的构成尚不可知,但是据认为它在很大程度上是由“非重子”(non-baryonic)物质组成的,后者指的是不包含质子和中子的物质,最有可能是目前未知的、标准模型以外的粒子。冷暗物质的候选者包括大质量的弱相互作用粒子(weakly interacting massive particles,简称WIMPs)。它们拥有许多中微子所具有的性质,但是其质量要比中微子

---

* 作者所谓的“裸质量”其实指的是自由夸克的静止质量,与重正化无关。下同。——译者

大得多，因而其运动就慢得多。标准模型的超对称扩展暗示，此类粒子很可能是超中性子（neutralinos）。

**色荷（Color charge）**：夸克除了味（上、下、奇异，等等）之外所具有的性质。不同于只有正和负两种类型的电荷，色荷存在三种类型：红、绿和蓝。很显然，采用这些名称并不意味着夸克在传统意义上是“有颜色的”。夸克之间的色力是由带色的胶子来传递的。

**色力（Color force）**：负责把夸克和胶子捆绑在强子内部的强作用力。不同于人们更熟悉的力（比如引力和电磁力），色力展示出渐近自由的特性：在零间距的渐近极限下，夸克的行为就好像它们完全自由一样。物理学家认为，将质子和中子捆绑在原子核内部的强核力就是把夸克束缚在核子内部的色力的“残余”。

**复数（Complex number）**：复数是由实数乘以 $-1$ 的平方根（记为 i）构成的。因此复数的平方是负数，比如 5i 的平方等于 $-25$。在数学中，复数被广泛地用于解决那些仅用实数无法解决的问题*。

**守恒律（Conservation law）**：此类物理定律表达的意思是，当一个孤立系统随时间而演化时，它的某一特定的、可测量的属性不发生变化。已经确立了守恒律的可测量属性包括质能、线动量和角动量、电荷和色荷、同位旋，等等。根据诺特定理，每一条守恒律都可以归因于系统一种特定的连续对称性。

**库珀对（Cooper pair）**：当被冷却到临界温度以下时，超导体中的电子可以感受到一种很弱的相互吸引力。具有相反自旋和动量的电子结合在一起形成库珀对，齐心协力地穿越金属晶格，而它们的运动是由晶格振动来斡旋和促成的。这样的电子对具有 0 或 1 的自旋量子数，因而它们是玻色子。所以占据单个量子态的库珀对的数量不受任何限

---

* 作者在这里讨论的其实是复数的特殊情形，即虚数。——译者

制,它们在低温下可以“凝聚”,使得该量子态扩展到宏观尺度。处于这一状态的库珀对在穿过晶格时感受不到任何阻力,其结果就是金属具有了超导电性。

**宇宙暴胀(Cosmic inflation):**宇宙的快速指数膨胀,据信发生在大爆炸之后的$10^{-36}$—$10^{-32}$秒。1980年,美国物理学家古思在大统一理论(GUTs)的背景下发现了暴胀,它有助于解释今天我们所观测到的宇宙的大尺度结构。

**宇宙微波背景辐射(Cosmic microwave background radiation):**大爆炸之后大约38万年,宇宙已经膨胀和冷却到足够的程度,使氢原子核(质子)和氦原子核(由两个质子和两个中子组成)得以与电子重组,形成中性的氢原子和氦原子。此时此刻,对于残留的热辐射而言,宇宙变得“透明”了。宇宙进一步的膨胀使得这种热辐射冷却并移至微波波段,其温度只有2.7开氏度(-270.5摄氏度),比绝对零度高出几度。好几位理论学家预言了这种微波背景辐射,它在1964年被彭齐亚斯(Arno Penzias)和罗伯特·威尔逊意外地发现了。后来COBE和WMAP卫星详细地研究了这种辐射。

**宇宙线(Cosmic rays):**来自外层空间的高能带电粒子流,不间断地冲刷着地球的高层大气。“射线”(ray)一词的使用使人想起放射性研究的早期岁月,当时带电粒子的定向流动被称为“射线”。宇宙线有各种各样的来源,包括在太阳和其他恒星表面发生的高能过程,以及发生在宇宙其他地方尚未可知的过程。宇宙线粒子的典型能量处于10兆电子伏到10千兆电子伏之间。

**宇宙学常量(Cosmological constant):**1922年,俄罗斯理论学家弗里德曼(Alexander Friedmann)找到了爱因斯坦引力场方程组的解,该方程组描述的是一个时空正在膨胀的宇宙。爱因斯坦最初反对时空膨胀或收缩的想法,对自己的方程组做了手脚,以期产生静态的解。由于担心常规的引力会制服宇宙的物质并造成物质本身从外向内坍缩(collapse),爱因斯坦引进了“宇宙学常量”——一种消极或排斥形式的力——来抵消引力效应。当越来越多的证据表明宇宙实际上一直在膨胀时,爱因斯坦对自己的行为感到很后悔,称之为一生中所犯的最大错误。但是事实上,1998年的进一步发现表明,宇宙其实正在加速膨胀。当把这些结果与对宇宙微波背景辐射所做的卫星测量结合在一起时,所导致的结果就是:宇宙中弥漫着“暗能量”(dark energy),它大约占了宇宙的质能的73%。有一种形式的暗能量要求重新引入爱因斯坦的宇宙学常量。

**暗物质(Dark matter):**作为后发星系团(位于后发星座中)中所测得的星系质量的一种反常现象,于1934年被瑞士天文学家茨维基发现。茨维基的结果是基于对靠近星系团边缘的星系运动所做的观测,使之与可观测到的星系数量以及星系团总亮度做对比。这两种对星系质量的估算相差了400倍。在为了解释引力效应的大小所需的质量中,多达90%的质量似乎“失踪”了,或者说是看不见的。这种失踪的物质被称为“暗物质”。随后的研究倾向于支持一种叫作“冷暗物质”的暗物质形式。参见冷暗物质。

**深度非弹性散射(Deep inelastic scattering):**一种粒子散射事件,其中被加速粒子(比如电子)的大部分能量消耗在了摧毁靶粒子(比如质子)的过程中。碰撞之后,被加速的粒子携带相当少的能量反弹回来,与此同时产生一簇不同的强子。

**自由度(Degree of freedom):**表征一个系统所需的参量数目,或者该系统自由运动时所处的空间的维数。一个经典粒子在三维空间中自由运动。然而,光子是无质量的、自旋等于1的粒子,因此它的自由度被限制成二维,表现为向左和向右的圆偏振状态,或者水平和垂直的偏振状态。在希格斯机制中,无质量玻色子通过吸收一个南部-戈德斯通玻色子而获得第三个自由度。参见图4.4。

**八重法(Eightfold Way):**在20世纪60年代闻名的一种对粒子“大杂烩”进行分类的方案,其形式为两个“八重态”,由盖尔曼和尼曼各自独立地提出。八重态的组合模式基于整体SU(3)对称性,并根据粒子的电荷或总同位旋相对于其奇异数描绘而成(参见图3.6)。这些组合模式最终通过夸克模型得到了解释(参见图4.2)。

**电荷(Electric charge):**夸克和轻子(更常见的是质子和电子)所拥有的一种特性。电荷有两种:正电荷和负电荷。负电荷的流动是电学和电力工业的基础。

**电磁力(Electromagnetic force):**由于好几位实验物理学家和理论物理学家的工作,特别是英国物理学家法拉第和苏格兰理论学家麦克斯韦的贡献,电和磁被公认为是一种单一的基本力的组成部分。电磁力负责把电子和原子核束缚在原子内部,并将原子捆绑在一起形成种类繁多的分子物质。

**电子(Electron):**是由英国物理学家汤姆孙在1897年发现的。电子属于第一代轻子,其电荷等于-1,自旋为1/2(费米子),质量等于0.51兆电子伏。

**电子伏(Electron volt,简记为eV):**1电子伏等于一个带负电荷的电子通过1伏特的电场而被加速时所获得的能量。一只100瓦的灯泡以大约每秒$6\times10^{20}$电子伏的功率消耗能量。

**电弱力(Electro-weak force):**尽管电磁力和弱核力的强度差异巨大,但它们只是曾经统一的电弱力的不同方面而已。人们认为电弱力在大爆炸之后的$10^{-36}$—$10^{-12}$秒的“电弱时代”占压倒性优势。在SU(2)×U(1)场论中将电磁力和弱核力合二为一的工作是在1967—1968年首先由温伯格和萨拉姆独立完成的。

**元素(Element):**古希腊哲学家相信,所有物质都是由四种元素组成的：土、气、火和水。第五种元素，有人称之为以太(ether)，也有人叫它"精髓"(quintessence)，是由亚里士多德(Aristotle)提出来的，用以描述不变的苍穹。如今这些传统的元素已经被化学元素的分类体系取代了。化学元素不能通过化学方法相互转化，从这个意义上来说，它们都是"基本组分"(fundamentals)，意即每种元素是由仅仅一种类型的原子组成的。科学家在"周期表"(periodic table)中对元素进行编组分类，从氢到铀，以及更重的元素。

**不相容原理(Exclusion principle)：**参见泡利不相容原理。

**费米子(Fermion)：**以意大利物理学家费米的姓氏命名的一类粒子。费米子的特征是具有半整数自旋(1/2，3/2，等等)，包括夸克和轻子，以及许多由夸克的各种组合产生的复合粒子(比如重子)。

**味(Flavor)：**除了色荷以外，把一种类型的夸克与另一种类型的夸克区分开来的又一种特性。存在六种夸克味，它们形成三代：具有+2/3电荷、1/2自旋的上夸克、粲夸克和顶夸克，其质量分别等于1.7—3.3兆电子伏、1.27千兆电子伏和172千兆电子伏；以及具有－1/3电荷、1/2自旋的下夸克、奇异夸克和底夸克，其质量分别等于4.1—5.8兆电子伏、101兆电子伏和4.19千兆电子伏。"味"也适用于轻子：电子、μ子、τ子及其相应的中微子是由"轻子味"来区分的。参见轻子。

**规范对称性(Gauge symmetry)：**德国数学家外尔创造的名词。当把规范对称性用于量子场论时，人们选取一种"规范"使得方程式保持不变——规范的任意改变不会影响理论的预言结果。规范对称性和守恒律(参见守恒律和诺特定理)之间的关联意味着：规范对称性的正确选取可以导致一个自动尊重必要的守恒性质的场论。

**规范理论(Gauge theory)：**规范理论是以规范对称性(参见规范对称性)为基础的理论。爱因斯坦的广义相对论是一种规范理论，它不随时空坐标系(即"规范")的任意变化而改变。量子电动力学(QED)是一种不随电子波函数的相位变化而变化的量子场论。在20世纪50年代,发展强核力和弱核力的量子场论演变成了如何确定守恒量的问题,亦即如何确定恰当的规范对称性的问题。

**广义相对论(General relativity):**由爱因斯坦在1915年创建的广义相对论将狭义相对论和牛顿的万有引力定律并入了引力的几何理论。爱因斯坦用大质量物体在弯曲时空中的运动代替了牛顿的万有引力理论所隐含的“超距作用”(action at a distance)。在广义相对论中,物质影响了时空的弯曲,而弯曲的时空影响了物质的运动。

***g*因子(*g*-factor):**(量子化的)基本粒子或复合粒子的角动量和它的磁矩之间的比例常数。磁矩指的是粒子在磁场中所取的方向。电子其实拥有三个$g$因子:一个与它的自旋有关,一个与原子中电子的轨道运动的角动量有关,一个与自旋和轨道角动量之和有关。狄拉克关于电子的相对论性量子理论预言了电子自旋的$g$因子为2。CODATA课题组在2006年给出的推荐值为2.002 319 304 362 2,后者与2的差异归因于量子电动力学效应。

**吉咖(Giga):**表示10亿的前缀。1吉咖电子伏(GeV)等于10亿电子伏,即$10^9$电子伏,或1000兆电子伏。

**胶子(Gluon):**夸克之间强色力的传递者。量子色动力学依赖于8个无质量的、传递色力的胶子,它们自身携带色荷。因此胶子参与到了强作用力中,而不是仅仅把力从一个粒子传递给另一个粒子。物理学家认为质子和中子质量的90%出自胶子所携带的能量。

**大统一理论(Grand unified theory,简称GUT):**任何试图将电磁力、弱核力和强核力统一在单一结构中的理论都是大统一理论的例子。大统一理论的第一个例子是由格拉肖和乔寨在1974年提出来的。大统一理论并不寻求容纳引力;寻求容纳引力的大统一理论通常被称为万能理论(Theories of Everything,简称TOEs)。

**引力(Gravitational force)**：所有的质能之间所感受到的吸引力。引力极其微弱，而且在原子、亚原子和基本粒子之间的相互作用中不起任何作用。支配着原子、亚原子和基本粒子之间的相互作用的是色力、弱核力和电磁力。引力是由爱因斯坦的广义相对论来描述的。

**引力子(Graviton)**：在关于引力的量子场论中传递引力的假想粒子。虽然物理学家做了很多尝试想要发展出这样一种理论，但迄今为止人们并不认为这些尝试是成功的。如果引力子存在，它将是一个无质量、无电荷、自旋为2的玻色子。

**强子(Hadron)**：出自希腊语*hadros*，意思是厚的或重的。强子构成了一类粒子，它们感受得到强核力，因此是由夸克的各种组合构成的。这类粒子包括由三个夸克组成的重子以及由一个夸克和一个反夸克组成的介子。

**希格斯玻色子(Higgs boson)**：以英国物理学家希格斯的姓氏命名的粒子。所有的希格斯场都具有独特的场粒子，叫作希格斯粒子。“希格斯玻色子”一词通常指的是电弱希格斯粒子，即最初由温伯格和萨拉姆在1967—1968年为了解释电弱对称性破缺所采用的希格斯场的场粒子。2012年7月4日，物理学家在CERN的大型强子对撞机上发现了看起来很像电弱希格斯玻色子的粒子。它是一个中性的、自旋为零的粒子，其质量等于125千兆电子伏。

**希格斯场(Higgs field)**：以英国物理学家希格斯的姓氏命名的场。希格斯场作为一个通用的术语可用于代表任何背景能量场，后者被添加到量子场论中，通过希格斯机制引发对称性破缺。在CERN发现的新粒子强烈支持希格斯场的存在，使之在电弱力的量子场论中被用于破缺对称性。

**希格斯机制(Higgs mechanism)**：以英国物理学家希格斯的姓氏命名的机制，但也经常指用其他物理学家的姓氏命名的同一机制，他们在1964年独立地发现了该机制。一个可供替代的名称是布劳特-昂格勒-希格斯-哈根-古拉尔尼克-基布尔机制，简称BEHHGK或者“beck”机制，是以物理学家布劳特、昂格勒、希格斯、哈根、古拉尔尼克和基布尔的姓氏命名的。这一机制描述了怎样才能把叫作希格斯场的背景场添加到量子场论中来破缺理论的对称性。1967—1968年，温伯格和萨拉姆独立地利用该机制发展了电弱力的场论。

**暴胀(Inflation)**：参见宇宙暴胀。

**同位旋(Isospin，亦被称为isotopic spin或isobaric spin)**：由海森伯在1932年提出来的概念，以解释当时刚被发现的中子与质子之间的对称性。人们现在把同位旋对称性理解为强子相互作用中更一般的味对称性的子集。一个粒子的同位旋可以从它所包含的上夸克和下夸克的数目计算出来。

**K介子(Kaon)**：一组由上夸克或下夸克和奇异夸克及其反夸克组成的、自旋为零的介子。这些介子分别是$K^+$(上夸克和反奇异夸克)、$K^-$(奇异夸克和反上夸克)、$K^0$(下夸克和反奇异夸克)和$\overline{K^0}$(奇异夸克和反下夸克)*，其中带电K介子和中性K介子的质量分别为494兆电子伏和498兆电子伏。

**ΛCDM模型(ΛCDM)**：宇宙学常量Λ与冷暗物质模型的缩写，也被称作大爆炸宇宙学的“标准模型”。ΛCDM模型解释了宇宙的大尺度结构、宇宙微波背景辐射、宇宙的加速膨胀以及诸如氢、氦、锂和氧等元素的分布。该模型假设73%的宇宙质能是冷暗能量(表现在宇宙学常量Λ的大小上)，22%的宇宙质能是冷暗物质，剩下的可观测宇宙——星系、恒星和已知的行星——只占宇宙质能的5%。

**兰姆移位(Lamb shift)**：氢原子的两个电子能级之间的微小差异，

* 英文版在此处的表述不够准确，现已更正。——译者

是由兰姆和雷瑟福(Robert Retherford)在1947年发现的。兰姆移位提供了一条重要线索,导致了重正化以及最后量子电动力学的发展。

**大型正负电子对撞机(LEP):** Large Electron-Positron(LEP) collider的缩写,是CERN的大型强子对撞机(LHC)的前身。

**轻子(Lepton):** 来自希腊语*leptos*,意思是“很小的”。轻子构成一类不亲身参与强核力的粒子,它们与夸克结合在一起组成物质。像夸克一样,轻子也构成三代,包括电子、μ子和τ子,它们的电荷为-1,自旋等于1/2,质量分别为0.51兆电子伏、106兆电子伏和1.78千兆电子伏;它们都有相应的中微子。电子型中微子、μ子型中微子和τ子型中微子不带电荷,它们的自旋等于1/2,而且据信拥有非常小的质量,后者是解释中微子振荡(neutrino oscillation)现象所必需的。中微子振荡源自中微子味之间的量子混合,使得中微子味可以随时间而改变。

**大型强子对撞机(LHC):** Large Hadron Collider的缩写。世界上最高能量的粒子加速器,能够产生高达14万亿电子伏的质子-质子对撞能量。LHC的周长为27千米,位于日内瓦附近、瑞士和法国边界的CERN的地下175米深处。先后以7万亿电子伏和8万亿电子伏的质子-质子对撞能量运行的LHC提供的证据导致了在2012年7月发现了一个新的、类似希格斯的玻色子。

**亮度(Luminosity):** 在加速器中,粒子束流的亮度是单位面积与单位时间的粒子数目乘以束流着靶点的不透明度(对粒子而言靶的不可穿透性的量度)。特别令人感兴趣的是积分亮度,后者只不过是亮度对时间的积分(求和),通常以每平方厘米($cm^{-2}$)或逆靶($10^{24}\,cm^{-2}$)为单位来描述。那么,导致某一特定的基本粒子反应的对撞数目就等于积分亮度乘以反应的横截面(以$cm^2$为单位),后者是该反应发生的可能性的量度。

**兆(Mega):** 表示百万的前缀。1兆电子伏(MeV)等于100万电子伏,即$10^6$电子伏或1 000 000电子伏。

**介子(Meson)**:来自希腊语*mésos*,意思是“中间的”。介子是强子的子集。它们是由夸克和反夸克组成的,并亲身参与强核力。

**麻省理工学院(MIT)**:Massachusetts Institute of Technology的缩写。

**摩尔(Mole)**:化学物质的量的标准单位,等于它以克为单位的原子或分子重量。1摩尔包含$6.022\times10^{23}$个粒子。该名称源自“分子”(molecule)。

**分子(Molecule)**:化学物质的基本单位,由两个或多个原子构成。1个氧分子由2个氧原子构成,$O_2$。1个水分子由2个氢原子和1个氧原子构成,$H_2O$。

**最小超对称标准模型(MSSM)**:Minimal Supersymmetric Standard Model的缩写,粒子物理学的常规标准模型在容纳了超对称之后所做的最小推广,是由乔寨和季莫普洛斯(Savas Dimopoulos)在1981年提出的。

**μ子(Muon)**:与电子等价的第二代轻子,拥有−1电荷,自旋为1/2(费米子),质量等于106兆电子伏。最初是在1936年由卡尔·安德森和内德迈耶发现的。

**国家加速器实验室(NAL)**:National Accelerator Laboratory的缩写,位于芝加哥。在1974年更名为费米国家加速器实验室(Fermi National Accelerator Laboratory),即费米实验室(Fermilab)。

**南部-戈德斯通玻色子(Nambu-Goldstone boson)**:无质量、零自旋的粒子,作为自发对称性破缺的后果而产生,最初是由南部阳一郎在1960年发现的,而后由戈德斯通在1961年对它做了详细阐述。在希格斯机制中,南部-戈德斯通玻色子成为量子粒子的第三个“自由度”(degree of freedom),否则这些量子粒子就没有质量(参见图4.4)。

**中性流(Neutral currents)**:不涉及电荷变化基本粒子之间的弱相

互作用。这些相互作用涉及一个虚$Z^0$粒子的交换,或者$W^+$粒子和$W^-$粒子的同时交换(参见图5.1和图6.3)。

**中微子(Neutrino):**出自意大利语,意思是“很小的中性粒子”。中微子不带电荷且自旋等于1/2(费米子),是带负电荷的电子、μ子和τ子的伴侣。据信中微子拥有非常小的质量,后者是解释中微子振荡现象所必需的。中微子振荡源自中微子味之间的量子混合,使得中微子味可以随时间而改变。中微子振荡解决了太阳中微子问题——所测得的、穿过地球的中微子数目与预期的、发生在太阳核心的核反应所产生的电子型中微子数目不一致。科学家在2001年确定,来自太阳的中微子只有35%是电子型中微子——剩下的是μ子型中微子和τ子型中微子,这表明在从太阳传播到地球的过程中,中微子的味发生了振荡。

**中子(Neutron):**电中性的亚原子粒子,最初是由查德威克在1932年发现的。中子属于重子,是由一个上夸克和两个下夸克组成的,自旋等于1/2,质量为940兆电子伏。

**诺特定理(Noether's theorem):**是由诺特在1918年提出的。该定理将守恒律与物理系统和描述它们的特定连续对称性联系起来,作为发展新理论的一种工具。能量守恒反映的事实是支配能量的定律针对时间的连续变换或“平移”保持不变。对于线动量而言,其定律针对空间的连续平移是不变的。对于角动量而言,其定律针对从转动中心所测得的方位角的连续变化是不变的。

**原子核(Nucleus):**原子核心的致密区域,原子的绝大部分质量都集中于此。原子核是由不同数目的质子和中子组成的。氢原子核由单个质子构成。

**部分子(Parton):**由费曼在1968年发明的名称,描述质子和中子的类点组成“部分”。部分子后来被证明就是夸克和胶子。

**泡利不相容原理(Pauli exclusion principle):**由泡利在1925年发

现的原理。不相容原理阐述的是,不可能有两个费米子同时占据相同的量子态(或者说拥有同一组量子数)。对于电子而言,这意味着只有两个电子可以占据单一的原子轨道,倘若它们拥有相反的自旋。

**微扰理论(Perturbation theory):**一种用于找到无法精确求解的方程的近似解的数学方法。无法求解的方程被改写成微扰展开的形式——对一个潜在的无穷级数的项求和,这些项以可严格求解的“零阶”表达式为出发点。把额外的(即微扰)项加到“零阶”项上,前者代表了对后者的第一阶修正、第二阶修正、第三阶修正,等等。原则上,展开式中的每一项给予零阶结果的修正越来越小,逐渐使计算结果越来越接近实际结果。那么最后结果的精确度仅依赖于在计算中所包含的微扰项的数目。虽然不同的微扰展开在结构上很不相同,但是我们可以通过考虑诸如 $\sin x$ 这样的简单三角函数的幂级数展开,来领略微扰展开是如何起作用的。$\sin x$ 的展开式的头几项是: $\sin x = x - x^3/3! + x^5/5! - x^7/7! + \cdots$。对于 $x=45°$(0.785 398弧度)而言,展开式中的第一项给出0.785 398,我们从中减去0.080 745,再加上0.002 490,然后再减去0.000 037。每一项依次给出越来越小的修正,而仅仅四项之后我们就得到0.707 106的结果。与 $\sin(45°)=0.707\ 107$ 相比应该足够精确了。

**光子(Photon):**奠定了包括光在内的所有形式的电磁辐射的粒子。光子是无质量的、自旋等于1的玻色子,担当电磁力的传递者的角色。

**π介子(Pion):**一组由上夸克和下夸克及其反夸克构成的自旋为零的介子。它们是 $\pi^+(u\bar{d})$、$\pi^-(\bar{u}d)$ 和 $\pi^0$($u\bar{u}$ 与 $d\bar{d}$ 的混合),质量分别等于140兆电子伏($\pi^\pm$)和135兆电子伏($\pi^0$)。

**普朗克常量(Planck constant):**记为 $h$,是由普朗克(Max Planck)在1900年发现的。普朗克常量是一个基本的物理学常量,它反映了量子理论中量子的大小。比方说,光子的能量是由它们的辐射频率按照关系式$E = h\nu$来确定的，即能量等于普朗克常量乘以辐射频率。普朗克常量的数值为$6.626 \times 10^{-34}$焦耳秒。

**正电子(Positron)**：电子的反粒子，记为$e^+$，具有+1电荷和1/2自旋(费米子)，质量等于0.51兆电子伏。正电子是人类所发现的第一个反粒子，是由卡尔·安德森在1932年发现的。

**质子(Proton)**：带正电荷的亚原子粒子，是由卢瑟福在1919年发现和如此命名的。卢瑟福实际上确定了氢原子的原子核(由单个质子组成)是其他原子核的基本组分。质子是由两个上夸克和一个下夸克组成的重子，其自旋为1/2，质量等于938兆电子伏。

**量子(Quantum)**：诸如能量和动量等物理特性的不可分的基本单元。在量子理论中，这样的物理特性被认为是无法连续变化的，而是由离散的单元组成的，后者被称作量子。该术语的用法扩展到也包括粒子。因此，光子是电磁场的量子粒子。这一想法可以扩展到力的传递者以外，包括物质粒子本身。所以电子是电子场的量子，以此类推。有时人们把这种做法称为二次量子化(second quantization)。

**量子色动力学(Quantum chromodynamics，简称QCD)**：夸克之间强色力的SU(3)量子场论。强色力是由8个带色荷的胶子传递的。

**量子电动力学(Quantum electrodynamics，简称QED)**：带电粒子之间电磁力的U(1)量子场论。电磁力是由光子传递的。

**量子场(Quantum field)**：在经典场论中，“力场”(force field)在时空的每一点都有一个数值，可以是标量(有大小没方向)或者矢量(既有大小又有方向)。把一张纸放在条形磁铁上面，在纸面撒上铁屑，就会形成看得见的“力线”(lines of force)，后者为这样的场提供了一种直观的表示。在量子场论中，力是由场的涟漪传播的，后者形成了波。由于波也可以被解释成粒子，因此波也是场的量子粒子。这一想法可以扩展到力的传递者(玻色子)以外，包括物质粒子(费米子)。所以电子是电子场的量子，以此类推。

**量子数(Quantum number)**：描述一个量子系统的物理状态需要用总能量、线动量、角动量、电荷等详细地说明它的特性。在这种描述中，这些特性被量子化的一个结果就是相关量子的有序倍数的出现。比方说，与电子自旋有关的角动量取固定的值$(h/2\pi)/2$，其中$h$是普朗克常量。与量子的大小相乘的反复出现的整数或半整数叫作量子数。当把电子放置在一个磁场中时，它的自旋取向可以与磁力线的方向相同或相反，导致了“上旋”或“下旋”的取向，分别由量子数+1/2和－1/2来描述。其他的例子包括描述原子中电子能级的主量子数$n$、电荷、夸克的色荷，等等。

**夸克(Quark)**：强子的基本组分。所有的强子都是由自旋等于1/2的夸克的三重态(重子)或者夸克与反夸克的组合(介子)构成的。夸克构成了三代，每一代具有不同的味。上夸克和下夸克组成第一代，它们的电荷分别等于+2/3和－1/3，而质量分别为1.7—3.3兆电子伏和4.1—5.8兆电子伏*。质子和中子是由上夸克和下夸克组成的。第二代是由粲夸克和奇异夸克构成的，它们的电荷分别等于+2/3和－1/3，而质量分别为1.27千兆电子伏和101兆电子伏。第三代是由顶夸克和底夸克组成的，它们的电荷分别等于+2/3和－1/3，而质量分别为172千兆电子伏和4.19千兆电子伏。夸克也携带色荷，每种味的夸克所具有的色荷为红、绿或蓝。

**重正化(Renormalization)**：粒子作为场的量子会产生一个后果：它们可以有自相互作用，即它们可以与自己的场发生相互作用。这意味着用于求解场方程的技术(比如微扰理论)往往会失效，因为自相互

---

* 注意：三个轻夸克(上夸克、下夸克和奇异夸克)的质量数值是在2千兆电子伏的重正化能标处得到的，而三个重夸克(粲夸克、底夸克和顶夸克)的质量数值是在其自身的重正化能标处得到的。——译者

作用的项会导致出现无穷大的修正。重正化作为一种数学手段被提出来，用于消除这些自相互作用的项，通过重新定义场粒子本身的参量（如质量和电荷）来做到这一点。

**斯坦福直线加速器中心（SLAC）：** Stanford Linear Accelerator Center的缩写。SLAC位于加利福尼亚州斯坦福大学附近的洛斯阿尔托斯山上。

**狭义相对论（Special relativity）：** 由爱因斯坦在1905年提出的狭义相对论宣称：所有的运动都是相对的，而且不存在用于测量运动的唯一或特殊的参考系。所有的惯性参考系都是等价的——地球上的静止观察者与坐在太空船上匀速运动的观察者对于同一组物理量的测量应该得到相同的结果。绝对空间、时间、绝对静止和同时性等经典概念都得出局了。在建立该理论的过程中，爱因斯坦假设真空中的光速代表了不可被超越的终极速度。仅在它不能解释加速运动的意义上，该理论才是“狭义的”。爱因斯坦的广义相对论涵盖了加速运动的情形。

**自旋（Spin）：** 所有的基本粒子都呈现出一种叫作自旋的角动量。虽然人们最初把电子的自旋理解为电子的“自我旋转”（即电子围绕它自身的轴旋转，就像旋转陀螺一样），但其实自旋是一种相对论性的现象，在经典物理学中并没有对应量。粒子的特性由其自旋量子数来刻画。具有半整数自旋量子数的粒子叫作费米子，而具有整数自旋量子数的粒子叫作玻色子。物质粒子是费米子，而力粒子是玻色子。

**超导超级对撞机（SSC）：** Superconducting Supercollider的缩写。它曾是美国的高能物理学工程项目，计划在得克萨斯州埃利斯县沃克西哈奇地区建造世界上最大的粒子加速器，能够达到40万亿电子伏的质子-质子对撞能量。该项目于1993年10月被国会取消。

**大爆炸宇宙学标准模型（Standard Model of big bang cosmology）：** 参见ΛCDM模型。

**粒子物理学标准模型(Standard Model of particle physics):**目前公认的、描述物质粒子以及它们之间的力(引力除外)的理论模型。标准模型是由一组量子场论组成的,它们拥有定域SU(3)(色力)和SU(2)×U(1)(弱核力和电磁力)对称性。该模型含有三代夸克和轻子,以及光子、W粒子和Z粒子、传递色力的胶子和希格斯玻色子。

**奇异性(Strangeness):**被确认为诸如中性的Λ粒子、中性和带电的Σ粒子和Ξ粒子以及K介子等粒子的特性。按照盖尔曼和尼曼提出的“八重法”,人们利用奇异性以及电荷和同位旋来为粒子分类(参见图3.6)。随后这一性质被用于推断出这些含有奇异夸克的复合粒子的存在(参见图4.2)。

**奇异夸克(Strange quark):**第二代夸克中的一个,具有-1/3电荷和1/2自旋(费米子),其质量等于101兆电子伏。“奇异性”的性质被确认为一系列低能(低质量)粒子的特性,它是在20世纪40年代和50年代由盖尔曼以及西岛和彦和中野孝雄独立发现的。盖尔曼和茨威格后来从这一性质推断出这些含有奇异夸克的复合粒子的存在(参见图4.2)。

**强力(Strong force):**强核力或色力将夸克和胶子束缚在强子内部,并由量子色动力学描述。把质子和中子束缚在原子核内部的力(也被称作强核力)被认为是把夸克束缚在核子内部的色力的“残余”。参见色力。

**SU(2)对称群[SU(2) symmetry group]:**包含两个复变量的特殊幺正变换群。杨振宁和米尔斯认为SU(2)对称群应该是强核力的量子场论的基础。后来SU(2)群被用于描述弱作用力,当它与电磁学的U(1)场论结合在一起时,构成了电弱力的SU(2)×U(1)场论。

**SU(3)对称群[SU(3) symmetry group]:**包含三个复变量的特殊幺正变换群,被盖尔曼和尼曼用作整体对称群,是构建“八重法”的基础。盖尔曼、弗里奇和洛伊特维勒后来把SU(3)对称群用作定域对称性，作为夸克和胶子之间强核(色)力的量子场论的基础。

**超导电性(Superconductivity)**：是由昂内斯(Heike Kamerlingh Onnes)在1911年发现的。当某些晶体材料被冷却到某一临界温度以下时，它们会失去所有电阻，成为超导体。没有能量输入的话，电流在超导电线中将会无期限地流动。超导电性是一种量子现象，可以用BCS机制来解释。BCS机制是以巴丁、库珀和施里弗的姓氏字头命名的机制。

**超对称(Supersymmetry，SUSY)**：粒子物理学标准模型的一个可能的替代方案，其中物质粒子(费米子)和力粒子(玻色子)之间的不对称性是由破缺超对称来解释的。在高能标(比如宇宙大爆炸最初阶段占主导地位的某种能量)，超对称没有破缺，因而费米子和玻色子之间存在完美的对称性。除了费米子和玻色子之间的不对称性之外，破缺超对称还预言了一批大质量的、自旋不等于1/2的超对称伴子。费米子的超对称伴子叫作“sfermions”。电子的超对称伴子叫作“selectron”，而每个夸克相应的超对称伴子是“squark”。同样地，对于每个玻色子存在一个“bosino”。光子、W粒子和Z粒子以及胶子的超对称伴子分别是“photino”、“wino”、“zino”和“gluinos”。超对称解决了与标准模型有关的许多问题，但是人们还没有发现超对称伴子的证据*。

**对称性破缺(Symmetry-breaking)**：每当一个物理系统的最低能量状态比较高的能量状态具有较低的对称性时，自发对称性破缺就会发生。随着该系统失去能量而回归到它的最低能量状态，对称性自发减少了，或者说“破缺”了。比方说，一支以笔尖为支点竖立并保持完美平衡的铅笔是对称的，可是它会倾倒下去，从而达到一个更稳定、能量

---

* 迄今为止，绝大多数超对称伴子还没有对应的中文译名。——译者

更低、不够对称的状态：此时铅笔沿着一个特定的方向平躺着。

**同步加速器(Synchrotron)：**一种粒子加速器，其中电场用于加速粒子，而磁场用于保持粒子在一个环中循环运动。电场、磁场和粒子束流被小心翼翼地同步化了。

**太拉(Tera)：**表示万亿的前缀。1万亿电子伏(TeV)即$10^{12}$电子伏，或1000千兆电子伏。

**顶夸克(Top quark)：**有时也被称为“真理”(truth)夸克。顶夸克是具有+2/3电荷和1/2自旋(费米子)的第三代夸克，其质量等于172千兆电子伏。它是1995年在费米实验室被发现的。

**万亿(Trillion)：**$10^{12}$，或1 000 000 000 000。

**U(1)对称群(U(1) symmetry group)：**包含一个复变量的幺正变换群。它等价(专门术语是“同构”)于圆群，即绝对值等于1的所有复数的乘法群(换句话说，复平面上的单位圆)。它也同构于SO(2)群，即一种特殊的正交群，它描述的是在二维平面上转动一个物体所涉及的对称变换。在量子电动力学中，U(1)等同于电子波函数的相位对称性(参见图1.5)。

**不确定性原理(Uncertainty principle)：**是由海森伯在1927年发现的。不确定性原理宣称：对于位置和动量以及能量和时间等成对的可观测量而言，测量它们时所可能达到的精度存在一个基本的限度。该原理可以归因于量子物体所具有的基本的波粒二象性行为。

**真空期望值(Vacuum expectation value)：**在量子理论中，诸如能量等可观测量的大小被表达成相对应的量子力学算符的所谓期望(或平均)值。算符是作用于波函数并使之改变的数学函数。真空期望值是算符在真空中的期望值。由于希格斯场的势能曲线的特殊形状，它具有一个非零的真空期望值，使得电弱力的对称性发生破缺(参见图4.3)。

**W粒子和Z粒子(W and Z particles)：**传递弱核力的基本粒子。W粒子是自旋为1的玻色子，具有一个单位的正电荷或负电荷($W^+$或$W^-$)和80千兆电子伏的质量。$Z^0$是电中性、自旋为1的玻色子，具有91千兆电子伏的质量。W粒子和Z粒子通过希格斯机制获得质量，可以被视为“重”光子。

**波粒二象性(Wave-particle duality)：**所有量子粒子的基本性质，既可呈现出非定域化的波动行为(比如衍射和干涉)，也可呈现出定域化的粒子行为，而这依赖于测量粒子所使用的仪器的类型。作为诸如电子等物质粒子的性质，波粒二象性最初是由德布罗意于1923年提出来的。

**波函数(Wave function)：**在数学上把诸如电子等物质粒子描述成“物质波”，可以导出具有波动特点的方程式。这样的波动方程使得波函数具有大小和相位随着空间和时间而演化的特点。在氢原子中，电子的波函数在原子核周围形成典型的三维图案，叫作轨道。波动力学——量子力学的物质波表达形式——最初是由薛定谔在1926年阐明的。

**弱中性流(Weak neutral current)：**与交换一个虚$Z^0$玻色子或者虚$W^+$粒子和$W^-$粒子的组合有关的弱相互作用，参见图5.1和图6.3。

**弱核力(Weak nuclear force)：**弱核力之所以称为弱核力，是因为它在强度和范围两方面都比强核力和电磁力弱得多。弱核力影响夸克和轻子，而弱相互作用可以改变夸克和轻子的味，比如把上夸克转变成下夸克以及把电子转变成电子型中微子。弱核力最初是通过研究β放射性衰变而被确定为一种基本的力。弱核力的传递者是W粒子和Z粒子。在由温伯格和萨拉姆于1967—1968年所提出的关于电弱力的$SU(2)\times U(1)$量子场论中，弱核力与电磁力被结合在了一起。

**杨-米尔斯场论(Yang-Mills field theory)：**一种基于规范不变性的量子场论，是由杨振宁和米尔斯在1954年提出的。杨-米尔斯场论支撑了当前粒子物理学标准模型的所有组成部分。

# 参考文献

Baggott, Jim, *Beyond Measure: Modern Physics, Philosophy and the Meaning of Quantum Theory*, Oxford University Press, 2003.

Baggott, Jim, *The Quantum Story: A History in 40 Moments*, Oxford University Press, 2011.

Cashmore, Roger, Maiani, Luciano, and Revol, Jean-Pierre (eds.), *Prestigious Discoveries at CERN*, Springer, Berlin, 2004.

Crease, Robert P. and Mann, Charles C., *The Second Creation: Makers of the Revolution in Twentieth-Century Physics*, Rutgers University Press, 1986.

Dodd, J. E., *The Ideas of Particle Physics*, Cambridge University Press, 1984.

Enz, Charles P., *No Time to be Brief: a Scientific Biography of Wolfgang Pauli*, Oxford University Press, 2002.

Evans, Lyndon(ed.), *The Large Madron Collider. A Marvel of Technology*, CRC Press London, 2009.

Farmelo, Graham(ed.), *It Must be Beautiful: Great Equations of Modern Science*, Granta Books, London, 2002.

Feynamn, Richard P., *QED: The Strange Theory of Light and Matter*, Penguin, London, 1985.

Gell-Mann, Murray, *The Quark and the Jaguar*, Little, Brown & Co., London, 1994.

Gleick, James, *Genius: Richard Feynman and Modern Physics*, Little, Brown & Co., London, 1992.

Greene, Brian, *The Elegant Universe: Superstrings, Hidden Dimensions and the Quest for the Ultimate Theory*, Vintage Books, London, 2000.

Greene, Brian, *The Fabric of the Cosmos: Space, Time and the Texture of Reality*, Allen Lane, London, 2004.

Gribbin, John, *Q is for Quantum: Particle Physics from A to Z*, Weidenfeld & Nicholson, London, 1998.

Guth, Alan H., *The Inflationary Universe: The Quest for a New Theory of Cosmic Origins*, Vintage, London, 1998.

Halpern, Paul, *Collider: The Search fot the World's Smallest Particles*, John Wiley, New Jersey, 2009.

Hoddeson, Lillian, Brown, Laurie, Riordan, Michael, and Dresden, Max, *The Rise of the Standard Model: Particle Physics in the 1960s and 1970s*, Cambridge University Press, 1997.

Johnson, George, *Strange Beauty: Murray Gell-Mann and the Revolution in Twentieth-Century Physics*, Vintage, London, 2001.

Kane, Gordon, *Supersymmetry: Unveiling the Ultimate Laws of the Universe*, Perseus Books, Cambridge, MA, 2000.

Kragh, Helge, *Quantum Generations: A History of Physics in the Twentieth Century*, Princeton University Press, 1999.

Lederman, Leon (with Dick Teresi), *The God Particle: If the Universe is the Answer, What is the Question?*, Bantam Press, London, 1993.

Mehra, Jagdish, *The Beat of a Different Drum: The Life and Science of Richard Feynman*, Oxford University Press, 1994.

Nambu, Yoichiro, *Quarks*, World Scientific, Singapore, 1981.

Pais, Abraham, *Subtle is the Lord: The Science and the Life of Albert Einstein*, Oxford University Press, 1982.

Pais, Abraham, *Inward Bound: Of Matter and Forces in the Physical World*, Oxford University Press, 1986.

Pickering, Andrew, *Constructing Quarks: A Sociological History of Particle Physics*, University of Chicago Press, 1984.

Riordan, Michael, *The Hunting of the Quark: A True Story of Modern Physics*, Simon & Shuster, New York, 1987.

Sambursky, S., *The Physical World of the Greeks*, 2 nd Edition, Routledge & Kegan Paul, London, 1963.

Sample, Ian, *Massive: The Hunt for the God Particle*, Virgin Books, London, 2010.

Schweber, Silvan S., *QED and the Men Who Made It: Dyson, Feynamn, Schwinger, Tomonagea*, Princeton University Press, 1994.

Stachel, John(ed.), *Einstein' s Miraculous Year: Five Papers that Changed the Face of Physics*, Princeton University Press, 2005.

't Hooft, Gerard, *In Search of the Ultimate Building Blocks*, Cambridge University Press,1997.

Veltman, Martinus, *Facts and Mysteries in Elementary Particle Physics*, World Scientific, London, 2003.

Weinberg, Steven, *Dreams of a Final Theory: The Search for the Fundamental Laws of Nature*, Vintage, London, 1993.

Weyl, Hermann, *Symmetry*, Princeton University Press, 1952.

Wilczek, Frank, *The Lightness of Being: Big Questions, Real Answers*, Allen Lane, London, 2009.

Woit, Peter, *Not Even Wrong*, Vintage Books, London, 2007.

Zee, A., *Fearful Symmetry: The Search for Beauty in Modern Physics*, Princeton University Press, 2007(first published 1986).

## 译后记

1990年4月下旬，两篇有关希格斯玻色子的论文在中国科学院高能物理研究所理论物理室同时问世：一篇以“轻希格斯玻色子对Z线形的影响”为题，探讨了正负电子对撞的$e^+ + e^- \to Z^* \to H + Z$过程及其对Z粒子线形的贡献，作者是吴丹迪研究员和时为硕士研究生的我本人；另一篇的题目是“希格斯玻色子衰变到双光子的一阶QCD修正”，作者是时为博士研究生的郑汉青师兄和吴丹迪老师*。20年后，吴老师和郑师兄当年所计算的$H \to 2\gamma$衰变道成为在大型强子对撞机上寻找“上帝粒子”的最主要过程之一，而吴老师和我的研究成果则因对较重的希格斯粒子完全不敏感而没有引起任何关注，成为文献故纸堆中的一粒尘埃。但那是我的学术处女作。

2011年11月29日，我在科学网上贴出了题为“围追堵截希格斯之战已进入生死关头”的博文，因为有传言称ATLAS和CMS两个合作组已经在大型强子对撞机上看到了希格斯玻色子的蛛丝马迹。12月5日，我给正在德国从事博士后研究的周顺博士和张贺博士**写邮件，建议他们在标准模型中重新研究希格斯质量对费米子质量随能标演化的影响。周顺指出，如果希格斯粒子的质量果真如传言所说的处于125千兆电子伏附近的话，标准模型的真空就可能在高能标的某一地方不再稳定，这将是一个严重的理论问题。我对他们开玩笑说：真空稳定导致的能标截断，意味着规范相互作用“沙漠”的结束和新物理“绿洲”

---

* 吴丹迪老师因车祸不幸于2000年9月4日在美国亚利桑那州身亡，享年60岁。郑汉青师兄现为北京大学物理学院教授。

** 张贺和周顺都曾是我的博士研究生，分别毕业于2008年和2009年。

的出现,这应该是件好事。于是他们二人分工协作,开始动手做具体计算。12月13日晚9时,欧洲核子研究中心举办了面向全球进行网络直播的学术报告会,ATLAS和CMS两个合作组分别公布了他们的实验结果,证实了先前的传言,但并未给出令人信服的有关希格斯粒子存在的证据。第二天上午,我收到了周顺和张贺的数值计算结果和论文初稿,并在他们的基础上把论文仔细修改了一遍,标题确定为"希格斯质量对真空稳定性、费米子质量和二体希格斯衰变的影响",尔后把它投到高能物理学的预印本库。可惜的是,我们的论文比身在欧洲核子研究中心的几位国外理论物理学家的同类论文晚出现了半天。为此我追悔莫及,于12月15日在科学网上贴出了另一篇题为"科研感悟:关键时刻,怎能睡觉"的博文,总结了这场惊心动魄的学术竞争游戏以及我们的经验和教训。

真正创造历史的一瞬间发生在2012年7月4日,ATLAS和CMS两个合作组再次在欧洲核子研究中心举行学术报告会,向全世界宣布:他们终于发现了一个酷似希格斯玻色子的新粒子,其实验分析结果的置信度达到了5σ。两天之后,英国科普作家巴戈特的新书《希格斯:"上帝粒子"的发明与发现》(以下简称《希格斯》)杀青并很快由牛津大学出版社出版。2013年1月9日,上海科技教育出版社的王世平女士发来邮

希格斯(右)和昂格勒在CERN的新闻发布会上。[照片来源:科弗里尼(Fabrice Coffrini)/法新社/格蒂图片社]

件，告诉我说他们终于拿下了《希格斯》一书的简体中文版权，并发过来它的电子版，邀请我来翻译。我快速浏览了这本书，感觉不错，值得推荐给中文读者。2月3日，我因访问华东理工大学而来到上海。第二天中午，王世平和郑华秀两位编辑请我吃本帮家常菜，并讨论了《希格斯》的特色以及可能的市场反响。大家达成的共识是在当年8月份推出该书的中文版，一赌希格斯等人会在10月份获得诺贝尔物理学奖，同时“秒杀”其他潜在的有关希格斯粒子的中文科普译著。

2013年3月28日，我应邀在河北大学物理学院做了一场题为“上帝粒子的发现与标准模型的终结”的科普报告。在报告中，我为布劳特-昂格勒-希格斯机制的发现者昂格勒和希格斯*的一张颇具喜剧色彩的合影编配了几句颇具中国江湖特色的对话：

> 希格斯：昂兄，你的降龙十八掌功夫练到第几层了？
>
> 昂格勒：只有一层，而且我觉得一个巴掌拍不响！
>
> 希格斯：甚是！所以愚兄我现在改练降龙十巴掌了。
>
> 昂格勒：十巴掌？是这样呢还是这样呢还是这样呢？
>
> 希格斯：昂兄，你果然是高手！来，咱俩先推几掌……

我希望科普传递给大众的不仅仅是知识，还包括更重要的科学精神和人文情怀。前人的所有成功和失败，都是后来者的宝贵财富。

经过几个月夜以继日地苦干，我最终在2013年4月中旬完成了《希格斯》一书的中文翻译工作。不久，一篇题为“希格斯玻色子的诞生”的文章发表在5月份的《欧洲核子研究中心快报》上。这篇文章声称：“来自ATLAS和CMS的结果现在得以提供足够的证据，确定了2012年发现的新粒子就是希格斯玻色子。”我把这则消息告诉了责任编辑郑华秀女士，她开心地回复说她们对中文译稿的编辑工作正在紧锣密鼓地进行

---

* 其中布劳特已于2011年5月3日去世，享年83岁。

中，夏天出版该书应该不成问题。毫无疑问，世平、华秀和我都希望把《希格斯》做成一部科普精品。

然而完美的作品从来都不曾存在，《希格斯》也不例外。正如欧洲核子研究中心的物理学家洛伦科（Carlos Lourenco）在他的书评中所指出的那样，身为非专业人士的巴戈特在撰写此书时有些操之过急，很多表述不够准确，甚至出现了若干错误。我在英译中的过程中力图克服这些不足，为中文读者献上一部更值得期待的作品。我不得不承认，翻译这部著作是一件既令人收获良多、又令人备感烦恼的事情。每当我颇为焦虑的时候，妻子或女儿端过来的一杯红茶都是最好的情绪缓冲剂；每当我颇有心得地向她们讲解物理学带给人生的奇妙启示时，家中就会充满幽默的思辨和互相吹捧的气氛。一个极好的诠释来自强核力的“渐近自由”特性：亲人之间彼此的距离越近，越需要给对方足够的自主空间；而当人们相互远离时，才会感受到与夸克和胶子类似的强大家庭亲和力。其实友情也是如此。《希格斯》一书中数次提到了我的忘年交老朋友和最成功的合作者哈拉尔德·弗里奇教授。正是同哈拉尔德相处时的耳濡目染，不仅提高了我的学术品位，强化了我的科普兴趣，也使我得以近距离感悟科学江湖中的大师风范。

《希格斯》一书的趣味性是毋庸置疑的，但它无法涵盖很多与“希格斯”有关的奇闻轶事。这里我仅举一例，说明为什么希格斯的名气远远大于昂格勒等人，尽管昂格勒和布劳特完成于1964年的论文其实比希格斯本人的第一篇论文早发表了一个月*。这与温伯格的一失“手”成

---

* 希格斯的第一篇论文于1964年9月15日发表在《物理快报》第12卷第132页，第二篇于同年10月19日发表在《物理评论快报》第13卷第508页。相比之下，昂格勒和布劳特的论文于1964年8月31日发表在《物理评论快报》第13卷第321页，无论如何都早于希格斯的工作。古拉尔尼克、哈根和基布尔的工作则要更晚一些，于1964年11月16日发表在《物理评论快报》第13卷第585页。

千古“恨”多少有些关系。温伯格在1967年基于布劳特-昂格勒-希格斯机制建立了统一电磁力和弱核力的标准模型，可是他在引用这两组人发表于1964年的工作时，却不经意地把希格斯的论文排在了昂格勒和布劳特的论文之前。更有甚者，温伯格在自己发表于1971年的一篇论文中，将希格斯的第一篇论文的期刊名称《物理快报》误写成了《物理评论快报》，这样表面看起来似乎希格斯的工作要明显早于昂格勒和布劳特的工作*。令人啼笑皆非的是，许多作者并不认真查看原始文献，而是将温伯格的笔误扩大化地传播下去，在一定程度上成就了希格斯的盛名。直到2012年5月，温伯格本人才意识到自己的这一引用失误，并就此做了公开纠正，一时成为笑谈。

最后特别值得强调的是，“上帝粒子”的发现开启了高能物理学的新时代。目前国内外都在探讨利用高能正负电子对撞建立“希格斯工厂”的可能性，其中希格斯玻色子的海量产生所依赖的反应正是我的学术处女作中所讨论的$e^+ + e^- \to Z^* \to H + Z$过程。中国是否能够在可见的未来成为“希格斯工厂”的拥有国，这一点目前还是未知数。但是从科学普及的角度来说，让公众了解基本粒子物理学的昨天和今天是至关重要的，因为只有这样我们才可能拥有明天。

邢志忠

2013年5月26日

北京

---

* 即希格斯的第一篇论文被温伯格误写成《物理评论快报》第12卷第132页，看上去比昂格勒和布劳特的论文提早了一卷发表。最可笑的是，真正发表于《物理评论快报》第12卷第132页的论文其实是一篇和电弱统一理论毫无关系的工作，但却莫名其妙地被温伯格的糊涂粉丝们引用了300余次。

**图书在版编目(CIP)数据**

希格斯:"上帝粒子"的发明与发现/(英)吉姆·巴戈特著;邢志忠译.—上海:上海科技教育出版社,2023.10

书名原文:Higgs: The Invention and Discovery of the 'God Particle'

ISBN 978-7-5428-7905-9

Ⅰ.①希… Ⅱ.①吉… ②邢… Ⅲ.①粒子物理学—普及读物 Ⅳ.①O572.2-49

中国国家版本馆CIP数据核字(2023)第026580号

**责任编辑** 郑华秀 傅 勇 王 洋
**封面设计** 符 劼

XIGESI
**希格斯——"上帝粒子"的发明与发现**
[英]吉姆·巴戈特 著
邢志忠 译

**出版发行** 上海科技教育出版社有限公司
(上海市闵行区号景路159弄A座8楼 邮政编码201101)
**网　　址** www.sste.com www.ewen.co
**经　　销** 各地新华书店
**印　　刷** 上海商务联西印刷有限公司
**开　　本** 720×1000 1/16
**印　　张** 15
**版　　次** 2023年10月第1版
**印　　次** 2023年10月第1次印刷
**书　　号** ISBN 978-7-5428-7905-9/N·1180
**图　　字** 09-2023-0899
**定　　价** 58.00元

**Higgs:**

**The Invention and Discovery of the 'God Particle'**

by

Jim Baggott